Flavia Sucheck Mateus da Rocha

TECNOLOGIAS DIGITAIS NO ENSINO DE FÍSICA

Rua Clara Vendramin, 58 . Mossunguê . CEP 81200-170 . Curitiba . PR . Brasil
Fone: (41) 2106-4170
www.intersaberes.com
editora@intersaberes.com

Conselho editorial
Dr. Alexandre Coutinho Pagliarini
Drª Elena Godoy
Dr. Neri dos Santos
Mª Maria Lúcia Prado Sabatella

Editora-chefe
Lindsay Azambuja

Gerente editorial
Ariadne Nunes Wenger

Assistente editorial
Daniela Viroli Pereira Pinto

Preparação de originais
Letra & Língua Ltda.

Edição de texto
Camila Rosa
Millefoglie Serviços de Edição

Capa
Débora Gipiela (design)
Martina V, AVS-Images, P-fotography/
Shutterstock (imagem)

Projeto gráfico
Débora Gipiela (design)
Maxim Gaigul/Shutterstock (imagens)

Diagramação
Querido Design

***Designer* responsável**
Iná Trigo

Iconografia
Maria Elisa Sonda
Regina Claudia Cruz Prestes

Dados Internacionais de Catalogação na Publicação (CIP)
(Câmara Brasileira do Livro, SP, Brasil)

Rocha, Flavia Sucheck Mateus da
   Tecnologias digitais no ensino de física / Flavia Sucheck Mateus da Rocha. -- Curitiba, PR: Editora Intersaberes, 2023. -- (Série física em sala de aula)

   Bibliografia.
   ISBN 978-85-227-0549-8

   1. Física – Estudo e ensino 2. Tecnologias digitais I. Título. II. Série.

23-151876   CDD-530.7

Índices para catálogo sistemático:
1. Física: Estudo e ensino   530.7

   Eliane de Freitas Leite – Bibliotecária – CRB 8/8415

1ª edição, 2023.

Foi feito o depósito legal.

Informamos que é de inteira responsabilidade da autora a emissão de conceitos.

Nenhuma parte desta publicação poderá ser reproduzida por qualquer meio ou forma sem a prévia autorização da Editora InterSaberes.

A violação dos direitos autorais é crime estabelecido na Lei n. 9.610/1998 e punido pelo art. 184 do Código Penal.

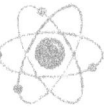

Sumário

A Física no ciberespaço 5
Como aproveitar ao máximo este livro 9

1 Tecnologias e sociedade 12

  1.1 Conceito de tecnologia e sua evolução histórica 13
  1.2 A construção de novas tecnologias 18
  1.3 Efeitos do uso do computador no indivíduo 21
  1.4 Pensamento computacional 24
  1.5 Programação visual 30

2 Tecnologias na educação 37

  2.1 Histórico do uso de tecnologias na educação 38
  2.2 Tecnologias digitais na educação 42
  2.3 Possibilidades de auxílio à aprendizagem 45
  2.4 Abordagens instrucionista e construcionista 48
  2.5 Papel do professor 54

3 Tecnologias na aprendizagem de Física na educação básica 64

  3.1 *Softwares* 66
  3.2 Simuladores 73
  3.3 Objetos de aprendizagem 78
  3.4 Aplicativos 82
  3.5 Realidades virtual e aumentada 86

4 Análise de recursos multimídias e *softwares* específicos para o ensino de Física na educação básica 95

    4.1 Teorias de aprendizagem e tecnologias 97

    4.2 Ergonomia 103

    4.3 Critérios para análise de recurso digital 104

    4.4 Análise de objetos de aprendizagem 110

    4.5 Análise de *softwares* educacionais 112

5 Elaboração de projetos de ensino de Física com emprego de tecnologias digitais 127

    5.1 Projetos interdisciplinares 128

    5.2 Base Nacional Comum Curricular 135

    5.3 Tecnologias digitais em projetos 138

    5.4 Aprendizagem baseada em problemas 141

    5.5 Contextualização no ensino 143

6 Programação como resolução e problemas 151

    6.1 Sintaxe de programação 152

    6.2 Programaê! 154

    6.3 Scratch 155

    6.3 MIT App Inventor 160

    6.5 Super Logo 164

Entrando em modo off-line 172

Referências 174

Thread comentada 189

Cibergabarito 191

Sobre a autora 193

A Física no ciberespaço

Nesta obra, abordamos algumas possibilidades de utilização das tecnologias digitais (TDs) no ensino de Física, prioritariamente na educação básica. Portanto, dirigimos este livro a professores, futuros professores, demais integrantes da comunidade escolar e interessados na temática. Além de apresentar exemplos de recursos digitais, discutimos teorias e conceitos nos campos da tecnologia e do pensamento computacional.

A inserção das TDs nos processos de ensino e aprendizagem não é recente, mas a utilização desses recursos pode ser impulsionada à medida que se conhecem as especificidades deles. As alterações possibilitadas ao se trabalhar com objetos de aprendizagem, jogos digitais, simuladores e outras TDs precisam ser compreendidas por aqueles que buscam novas formas de aprender e ensinar.

A disciplina de Física pode representar certa dificuldade para os estudantes, principalmente em conteúdos mais abstratos, complexos para serem entendidos apenas com o uso do lápis e do papel. As TDs podem oferecer novas compreensões aos discentes por meio de visualização tridimensional, manipulação de simuladores e interatividade com jogos e objetos de aprendizagem. A programação de recursos também pode ser estimulada, a exemplo da possibilidade de elaboração de recursos

didáticos diferenciados ou como alternativa de aprendizagem mediante a ação de programar.

As transformações sociais relativas ao desenvolvimento tecnológico influenciaram e continuam influenciando as atividades informáticas escolares. A popularização do computador estimulou a criação de laboratórios de informática e o desenvolvimento de *softwares* educativos. O advento da internet propiciou a elaboração de *sites* educacionais e a expansão de cursos não presenciais. Hoje, as tecnologias móveis geram discussões sobre a proibição ou a autorização de utilização de *smartphones* e outros recursos em sala de aula.

Mesmo com todas as mudanças tecnológicas, com recursos presentes nas escolas, até mesmo nas mochilas dos estudantes, ainda prevalece no Brasil o ensino tradicional. Isso mostra que não basta dispormos de computadores ou outras TDs no ambiente escolar, é preciso mudança no papel do professor e do aluno.

E que mudanças são essas? O que é necessário levar em consideração quando pensamos no docente e no estudante diante das novas tecnologias? No decorrer deste livro, proporemos respostas a esses questionamentos.

No Capítulo 1, forneceremos elementos para que o leitor estabeleça relações entre avanço tecnológico e sociedade. Para isso, abordaremos o conceito de tecnologia, sua evolução e relação com o desenvolvimento social e da física. Ressaltaremos a importância de diferentes tecnologias como recursos na sociedade e seus efeitos

individuais e coletivos. Ainda, apresentaremos os efeitos do uso do computador no indivíduo e na sociedade, com base no entendimento do psicólogo Oleg Tikhomirov e do filósofo Pierre Lévy.

Com o intuito de explicar a relevância da utilização das TDs na educação, comentaremos, no Capítulo 2, algumas políticas públicas que conduziram à utilização do computador e de outros aparatos na escola, bem como indicamos abordagens de utilização das TDs no contexto educacional.

No Capítulo 3, destacamos as TDs que podem ser utilizadas como recursos na aprendizagem de Física na educação básica. Há exemplos de *softwares*, simuladores, objetos de aprendizagem, aplicativos e recursos de realidade aumentada e virtual.

Por sua vez, no Capítulo 4, examinaremos a potencialidade de recursos digitais para o ensino da Física. Nesse contexto, destacaremos aspectos relacionados à análise de recursos multimídias e *softwares* específicos para o ensino de Física na educação básica.

No Capítulo 5, relacionaremos o uso das TDs com abordagens diferenciadas de ensino, como a aprendizagem baseada em projetos. A ideia é promover uma reflexão sobre o processo de elaboração de projetos pedagógicos mediados por TDs.

Por fim, no Capítulo 6, o tema é o uso das TDs no âmbito da programação. Analisaremos exemplos de *softwares* que abordam a linguagem de programação

visual, como o Scratch e o MIT App Inventor. O propósito é fornecer base para que o(a) leitor(a) programe recursos educacionais e reconheça a possibilidade de uso desse tipo de programação pelos estudantes da educação básica. Nesse sentido, dialogamos com o desenvolvimento do pensamento computacional, estimulado pela Base Nacional Comum Curricular (BNCC), documento norteador do currículo escolar brasileiro.

Esperamos que você, leitor(a), aproveite esta obra, realizando a leitura e os exercícios propostos, a fim de que compreenda e reflita sobre a utilização das TDs pela sociedade, pela escola e pelos professores de Física.

Como aproveitar ao máximo este livro

Empregamos nesta obra recursos que visam enriquecer seu aprendizado, facilitar a compreensão dos conteúdos e tornar a leitura mais dinâmica. Conheça a seguir cada uma dessas ferramentas e saiba como estão distribuídas no decorrer deste livro para bem aproveitá-las.

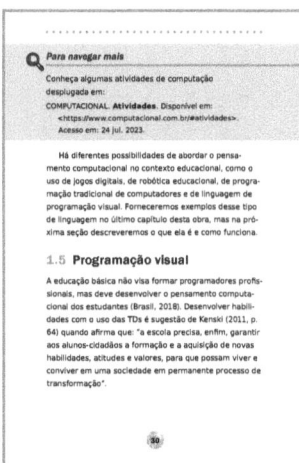

Para navegar mais
Sugerimos a leitura de diferentes conteúdos digitais para que você aprofunde sua aprendizagem e siga buscando conhecimento.

Testes high tech

1) O que é tecnologia?
   a) É o conjunto de aparatos utilizados no mundo moderno, como celulares e computadores.
   b) É o conjunto de equipamentos, artefatos e processos de fabricação e utilização deles com vistas a aprimorar a qualidade de vida humana.
   c) É o sinônimo de técnica, correspondendo à utilização de recursos tecnológicos.
   d) É o conjunto de materiais não modificados pelo homem, presentes na natureza.
   e) São os recursos utilizados nas fábricas e nas indústrias contemporâneas.

2) De acordo com o entendimento de Oleg Thikhomirov sobre a utilização do computador pelo indivíduo, analise as afirmações a seguir e indique V para as verdadeiras e F para as falsas.
   ( ) Para o psicólogo, o computador substitui a mente criativa humana.
   ( ) A teoria que Thikhomirov considerou mais adequada para explicar o papel do computador no cognitivo humano foi a da Reorganização.
   ( ) O psicólogo percebeu em suas pesquisas que o computador sempre potencializa o pensamento humano.
   ( ) Thikhomirov constatou que o computador pode alterar a atividade mental humana, sem substituí-la ou suplementá-la.

Testes high tech

Apresentamos estas questões objetivas para que você verifique o grau de assimilação dos conceitos examinados, motivando-se a progredir em seus estudos.

Lévy (2015) também destaca a **desterritorialização** que o ciberespaço possibilita. A sociedade muda porque não é mais restrita a uma única comunidade e forma de produzir e pensar.

 Reflita on-line

Ao mesmo tempo que as tecnologias podem favorecer o desenvolvimento social, elas podem representar possíveis perigos para o convívio em sociedade. As mudanças na forma de acessar informação acabaram repercutindo no surgimento das fake news. Por isso, é muito importante que professores, que convivem diariamente com estudantes, levem para a sala de aula discussões sobre os impactos sociais das tecnologias.

Nesta seção, expusemos brevemente alguns entendimentos filosóficos sobre a relação entre tecnologia e sociedade. Para explicar o efeito dela sobre a mente humana, na próxima seção, recorreremos a um entendimento psicológico.

1.3 Efeitos do uso do computador no indivíduo

Ao admitirmos que certas TDs podem contribuir para os processos de ensino e aprendizagem, temos de refletir sobre os impactos da utilização máquinas eletrônicas e equipamentos digitais nas atividades humanas.

Reflita on-line

Aqui propomos reflexões dirigidas com base na leitura de excertos de obras dos principais autores comentados neste livro.

Thread comentada

BARROS, G. C. **Tecnologias e educação matemática:** projetos para a prática profissional. Curitiba: InterSaberes, 2017.

Nesse trabalho, a autora analisa que as tecnologias digitais estão presentes no dia a dia e podem ser inseridas no contexto educativo. Há explicações claras sobre a relação entre a tecnologia e a sociedade. Ainda, apresenta a tecnologia como um recurso para a aprendizagem na educação básica, indicando possibilidades e potencialidades. Também explora questões relacionadas à formação do professor para o uso das tecnologias, os projetos com uso de tecnologias e a importância do planejamento e da avaliação.

BRITO, G. S.; PURIFICAÇÃO, I. **Educação e novas tecnologias:** um repensar. 2. ed. Curitiba: InterSaberes, 2015.

Nesse livro, são analisadas questões relevantes a discussões sobre o uso das novas tecnologias e aos desafios educacionais relativos à incorporação desses recursos ao ambiente escolar. Temas como ciência, tecnologia e inovação são apresentados com clareza e objetividade. As autoras versam também sobre os aspectos históricos da utilização dos computadores e da internet na educação.

Thread comentada

Nesta seção, comentamos algumas obras de referência para o estudo dos temas examinados ao longo do livro.

Tecnologias e sociedade

1

Você consegue imaginar um mundo sem computadores, celulares e internet? Atualmente, a sociedade vivencia novas formas de se comunicar e de se informar que não seriam possíveis sem o uso das tecnologias contemporâneas. Esses recursos impactam também as formas de o ser humano aprender. Por isso, compreender o que são as tecnologias digitais (TDs) e como elas podem influenciar o sujeito e a sociedade é determinante para quem se interessa pelos processos de ensino e aprendizagem.

Com o estudo deste capítulo, você conhecerá o conceito de tecnologia e alguns tipos de tecnologia, verificará o impacto dela na sociedade e na ação humana e acessará dois conceitos relevantes: pensamento computacional e programação visual.

1.1 Conceito de tecnologia e sua evolução histórica

É comum que as pessoas relacionem as tecnologias com os computadores e aparatos eletrônicos modernos. Contudo, as tecnologias fazem parte da vida humana há anos. O fogo, por exemplo, é uma tecnologia que contribuiu profundamente para o avanço da humanidade.

As tecnologias correspondem a um "conjunto de conhecimentos e princípios científicos que se aplicam ao planejamento, à construção e à utilização de um equipamento em um determinado tipo de atividade" (Kenski, 2011, p. 24). Portanto, o ser humano produz tecnologia desde quando começou a procurar maneiras de melhorar sua qualidade de vida.

Quando ele percebeu que seria mais eficiente ter um recipiente que contivesse a água que pretendia beber e produziu uma caneca de barro para essa função, o homem estava fazendo tecnologia. A caneca e mesmo o processo de tomar água utilizando uma caneca são exemplos de tecnologia, que é "um processo contínuo através do qual a humanidade molda, modifica e gera a sua qualidade de vida" (Bueno, 1999, p. 87, citado por Brito; Purificação, 2008, p. 32).

O desenvolvimento tecnológico influenciou fortemente as atividades humanas. No processo de adaptações, além da descoberta do fogo, outros itens favoreceram a qualidade de vida das pessoas. Podemos citar a escrita, que ampliou as possibilidades de comunicação e informação. Tecnologias como a eletricidade, o telefone, a televisão e a internet ilustram que o homem foi criando maneiras de se relacionar com o mundo e com outras pessoas. Santaella et al. (2013, p. 21) apontam cinco eras tecnológicas:

1. dos meios de comunicação de massa eletromecânicos;
2. dos eletroeletrônicos;
3. do surgimento de aparelhos, dispositivos e processos de comunicação *narrowcasting* pessoais;
4. do surgimento dos computadores pessoais ligados a redes teleinformáticas;
5. dos dispositivos de comunicação móveis.

Salientamos que uma nova tecnologia não necessariamente substitui uma anterior. Um exemplo disso pode ser percebido em sala de aula. Os alunos podem continuar utilizando cadernos e canetas, ao mesmo tempo que acessam *tablets* e *smartphones*. As tecnologias não se sobrepõem, elas se complementam.

As tecnologias podem ser classificadas em três grandes grupos, quais sejam: físicas, organizadoras e simbólicas (Sancho, 2001).

As tecnologias **físicas** representam os aparatos, como caneta esferográfica, livro, telefone, *smartphone*, satélites e computadores. As **organizadoras** referem-se ao modo como nos relacionamos com o mundo e como os diversos sistemas produtivos estão organizados. São exemplos dessas tecnologias os processos de qualidade de uma empresa e os sistemas de gerenciamento. Por fim, as **simbólicas** estão relacionadas com a forma de comunicação entre as pessoas, englobando os símbolos de comunicação. Podemos citar como exemplo as letras, os números, as placas de ruas e até mesmo os *emojis* empregados nas redes sociais.

Algumas pessoas têm uma visão otimista ante as tecnologias, já outras a veem como uma ameaça ao planeta. Particularmente, entendemos que as tecnologias proporcionam inúmeros benefícios, mas que também envolvem riscos. Por isso, é imprescindível ter consciência dos impactos socioambientais de seu uso. Nesse sentido, "o homem será capaz de garantir a sobrevivência da espécie e do planeta não deixando de usufruir dos recursos naturais desde que o faça de forma sustentável" (Veraszto et al., 2009, p. 32).

Para além dessa reflexão sobre o benefício ou malefício da evolução tecnológica, podemos refletir sobre o impacto dela na própria evolução científica. Por exemplo, o conhecimento da física teria alguma relação com o avanço tecnológico? Considerando que tecnologia é todo processo que envolve a elaboração, a criação e a utilização de um recurso criado pelo homem, a própria física pode ser qualificada como tecnologia. Além disso, cada nova tecnologia criada permitiu que grandes cientistas avançassem na produção do conhecimento. Nesse sentido, o desenvolvimento da física guarda estreita relação com o avanço tecnológico.

É importante que, além de conhecer o conceito de tecnologia, o professor de Física saiba abordar esse conceito em sala de aula. Isso porque um processo eficaz de alfabetização científica e tecnológica no contexto escolar demanda que as ciências e as tecnologias não sejam vistas como divindades e verdades absolutas. Afinal, a ciência pode ser o caminho para encontrar a cura para doenças, mas também pode conduzir à fabricação de bombas nucleares.

Desse modo, cabe ao professor promover reflexões sobre a supervalorização da ciência e da tecnologia, e acerca da construção dos conhecimentos no decorrer da história, principalmente os relacionados à física moderna. Nesse sentido, mostrar a necessidade humana que ensejou a formulação de cada conceito pode ser uma estratégia.

Duarte (2004) distingue o ser humano das outras espécies animais pelo fato de o primeiro ter, além de necessidades básicas relacionadas à sobrevivência, a capacidade de criar necessidades que o impelem a aprimorar seu modo de vida. Além disso, o ser humano, diferentemente dos outros animais, consegue admirar a natureza e o comportamento dos outros seres.

As necessidades foram impulsionando os seres humanos a desenvolver técnicas e tecnologias e a elaborar conceitos das diversas áreas de conhecimento. Na matemática, por exemplo, sabemos que as necessidades de contagem repercutiram no surgimento dos números e dos sistemas de numeração.

A dinâmica das necessidades humanas se efetiva na esfera social, ou seja, no âmbito das relações interpessoais e das relações de poder entre indivíduos ou grupos. Igualmente, as coletividades precisam se relacionar com o meio natural para satisfazer suas carências. E assim o ser humano constrói a si mesmo enquanto produz a história (Pereira; Francioli, 2011).

Um exemplo é a geometria. Desde o início dos tempos, o homem precisou estimar medidas para praticar a caça. Mais tarde, quando desenvolveu a agricultura, medidas de área tiveram de ser criadas para estipular tributos sobre terrenos.

No Egito, um marco da evolução da geometria são as pirâmides. Na Grécia, Euclides se destacou criando um compêndio de obras que servem de base para o estudo da geometria plana e espacial. Contudo, muitos estudiosos atuais contestam as definições de Euclides, propondo geometrias não euclidianas.

No ramo da Física, até o final do século XIX, o tempo era considerado universal, e o espaço formava um universo euclidiano e infinito. Albert Einstein apresentou uma nova visão de mundo em 1905.

É importante, nesse sentido, que o professor aborde a história dos conceitos para que o estudante perceba a física como uma ciência em evolução. De algum modo, isso também pode impulsionar o aluno a descobrir e resolver problemas ainda não respondidos pela humanidade.

1.2 A construção de novas tecnologias

As tecnologias impactam intensamente a sociedade. As transações bancárias são exemplos da aplicação do avanço tecnológico no cotidiano das pessoas. Antigamente, era preciso ir até uma agência bancária para efetuar saques de dinheiro em espécie para que a circulação econômica ocorresse. Hoje, as transações são feitas pela internet. Além disso, com a implementação do sistema Pix, é possível enviar transferências de dinheiro para usuários de diferentes bancos em segundos.

Segundo Kenski (2003, p. 1), "o uso das tecnologias disponíveis, em cada época da história da humanidade, transforma radicalmente a forma de organização social, comunicação, cultura e aprendizagem".

O ser humano constrói novas tecnologias à medida que produz conhecimentos; e é igualmente verdadeiro que as tecnologias possibilitam a ele produzir novos conhecimentos. Borba e Penteado (2015, p. 48) afirmam que "os seres humanos são constituídos por técnicas que estendem e modificam seu raciocínio e, ao mesmo tempo, esses mesmos seres humanos estão constantemente transformando essas técnicas". Tal afirmação vai ao encontro do entendimento de Lévy (2010) a respeito da dependência do conhecimento com relação às tecnologias intelectuais. Kenski (2011, p. 21) também relata que "o homem transita culturalmente mediado pelas tecnologias que lhe são contemporâneas". Ainda para Kenski (2011, p. 44), existe uma relação direta entre tecnologia e educação, pois "usamos muitos tipos de tecnologia para aprender e saber mais e precisamos de educação para aprender e saber mais sobre as tecnologias".

Para Lévy (2010), as tecnologias intelectuais representam a linguagem em três dimensões: oralidade, escrita e informática.

O autor cita a importância da memória para uma sociedade **oral** primária, que não tinha o recurso do registro escrito. Nesse tipo de sociedade, as informações eram repassadas oralmente, de geração para geração (Lévy, 2010).

Os processos cognitivos se alteraram com o aparecimento da **escrita**, que promoveu uma extensão à memória. Com a **informática**, também se processaram alterações na maneira de se pensar. Contudo, diferentemente da escrita, que é linear, a informática possibilita uma dinâmica multidimensional, para a qual o autor atribui o termo *hipertexto*. O autor ainda comenta que uma tecnologia não substitui outra. Logo, diferentes tecnologias podem ser combinadas para que ocorra uma ampliação das capacidades cognitivas humanas.

Com o ciberespaço, formou-se a **inteligência coletiva**, havendo o compartilhamento do conhecimento e a multiplicação de produtores desse conhecimento. Ela pode ser entendida como "uma inteligência distribuída por toda a parte, incessantemente valorizada, coordenada em tempo real, que resulta em uma mobilização efetiva das competências" (Lévy, 2015, p. 29).

Alguns aspectos podem ser considerados essenciais na perspectiva da inteligência coletiva:

- distribuída em toda parte;
- conhecimento partilhado mediante tecnologia (ciberespaço);
- desenvolvimento mútuo das pessoas.

Lévy (2015) também destaca a **desterritorialização** que o ciberespaço possibilita. A sociedade muda porque não é mais restrita a uma única comunidade e forma de produzir e pensar.

 Reflita on-line

Ao mesmo tempo que as tecnologias podem favorecer o desenvolvimento social, elas podem representar possíveis perigos para o convívio em sociedade. As mudanças na forma de acessar informação acabaram repercutindo no surgimento das *fake news*. Por isso, é muito importante que professores, que convivem diariamente com estudantes, levem para a sala de aula discussões sobre os impactos sociais das tecnologias.

Nesta seção, expusemos brevemente alguns entendimentos filosóficos sobre a relação entre tecnologia e sociedade. Para explicar o efeito dela sobre a mente humana, na próxima seção, recorreremos a um entendimento psicológico.

1.3 Efeitos do uso do computador no indivíduo

Ao admitirmos que certas TDs podem contribuir para os processos de ensino e aprendizagem, temos de refletir sobre os impactos da utilização máquinas eletrônicas e equipamentos digitais nas atividades humanas.

Alguns professores são contra o uso de tais recursos nas escolas. Existem diferentes argumentos para essa negativa, que envolvem a possível substituição do professor pela máquina, o vício que o estudante pode desenvolver com relação ao recurso, entre outras ponderações.

Para Borba e Penteado (2015), existem tanto os professores que acreditam que a informática é a vilã da educação quanto aqueles que consideram o computador a solução para todos os problemas educacionais. Contudo, os autores afirmam que as TDs não representam nenhum desses extremos, mas provocam a transformação da prática educativa.

Diante dessa querela, precisamos consultar as pesquisas científicas sobre os efeitos da utilização de TDs sobre as atividades humanas. Uma das pessoas que pesquisou esses efeitos foi o psicólogo Oleg Tikhomirov. Discípulo de Vygotsky, Tikhomirov (1981) estudou a utilização do computador adotando uma perspectiva de análise da cognição humana. Com o intuito de verificar se o computador afeta a atividade mental humana e, em caso afirmativo, de que maneira isso ocorre, o autor desenvolveu três teorias, a saber: da substituição, da suplementação e da reorganização.

A **teoria da substituição**, segundo Tikhomirov (1981, p. 1, tradução nossa), defende que "o computador assume o lugar do ser humano ou substitui-o em todas as esferas do trabalho intelectual". O autor não considera que essa teoria representa a consequência cognitiva da utilização do computador pelo homem, uma vez que os processos realizados pelos dois na resolução de determinado problema não são os mesmos.

Já na **teoria da suplementação**, o computador é considerado um aliado do homem para resolver problemas, potencializando suas ações cognitivas, tornando-as mais rápidas e abrangentes. Contudo, Tikhomirov (1981) também critica essa teoria, já que os problemas resolvidos de forma humana envolvem sentidos particulares que o computador não pode prever. Por exemplo, ao digitarmos a palavra *caneca*, o computador pode apresentar a imagem de uma caneca, descrever o significado da palavra ou indicar sua tradução para outros idiomas. Já para um ser humano, a mesma palavra pode fazê-lo recordar um aroma da infância ou representar um familiar que fazia uso de uma caneca em especial. Essas conexões humanas não podem ser identificadas pelo computador, uma vez que são totalmente individuais.

A **teoria da reorganização** qualifica o computador como uma ferramenta da atividade mental humana, que transforma essa atividade, reorganizando o pensamento:

> não estamos nos confrontando com o desaparecimento do pensamento, mas com a reorganização da atividade humana e o aparecimento de novas formas de mediação nas quais o computador como uma ferramenta da atividade mental transforma esta mesma atividade. Eu sugiro que a teoria da reorganização reflete os fatos

reais do desenvolvimento histórico melhor do que as teorias da substituição e suplementação. (Tikhomirov, 1981, p. 12, tradução nossa)

Essa é a teoria defendida por Tikhomirov (1981) para descrever os efeitos da computadorização. Podemos utilizar tal teoria para analisar os efeitos do uso das TDs no pensamento humano. Assumindo essa perspectiva, entendemos que essas tecnologias possibilitam a alteração no processo de aprender, no processo de raciocinar.

Alterar a forma de raciocinar pode oferecer ao indivíduo novas formas de resolver problemas por meio da reorganização do pensamento. Uma dessas novas formas é o pensamento computacional.

1.4 Pensamento computacional

Quando se advoga que a escola deve preparar o estudante para a ação social, atuando como cidadão crítico, reconhece-se que várias habilidades devem ser desenvolvidas nos anos escolares. Deve se evidenciar, porém, que apenas utilizar as tecnologias prontas não é suficiente para que o cidadão usufrua de todos os seus direitos na sociedade. É preciso que a escola tenha preocupação com atividades que contemplem o desenvolvimento do pensamento computacional.

Resnick et al. (2009) alertam que apenas utilizar as TDs não é suficiente e fazem uma analogia dessa utilização com o processo de escrita. Para eles, alguém que só utiliza as tecnologias prontas sabe apenas ler, mas não tem a capacidade de escrever. Assim, surge a necessidade de ensinar os estudantes a programar. Programar possibilita o desenvolvimento do pensamento computacional, favorecendo a resolução de problemas e a criação de estratégias, o que poderá ajudar os estudantes na tomada de decisões em sua vida futura. O pensamento computacional pode ser desenvolvido quando o estudante realiza programações (Resnick et al., 2009).

De acordo com Mandaji et al. (2018, p. 7) "resolução de problemas, desenvolvimento lógico e promoção de hábitos mentais não são aprendidos na escola, competências que poderiam ser desenvolvidas através do pensamento computacional".

Elencamos alguns exemplos de contribuições que as atividades de programação podem proporcionar: criatividade, trabalho em equipe, resolução de problemas e noções de geometria.

O termo *pensamento computacional* foi usado originalmente em uma publicação de Jeannette Wing, professora de Ciência da Computação e chefe do Departamento de Ciência da Computação na Universidade de Carnegie Mellon, em 2006. Em seu artigo, a autora menciona que todas as crianças deveriam aprender a programar, assim como aprender a ler e calcular, pois os processos envolvidos na ciência da computação contribuem para a criação de estratégias de resolução de problemas (Wing, 2006).

No contexto internacional, existe uma parceria entre a International Society for Technology in Education (ISTE) e a Computer Science Teachers Association (CSTA), órgãos para os quais o pensamento computacional é um processo que inclui a organização, a análise lógica e a representação de dados para: criar situações-problema que possam ser decifradas por meio de computadores ou outras ferramentas; desenvolver modelos e simulações de situações abstratas; automatizar soluções mediante o pensamento algorítmico, isto é, uma sequência ordenada de etapas; identificar e implementar as melhores e mais eficientes soluções em um processo e com o menor número possível de recursos; e, por fim, generalizar e transferir essa sistemática para a aplicação em diversos outros contextos (ISTE/CSTA, 2011).

Desse modo, o pensamento computacional se relaciona com o uso de diferentes processos presentes na programação de computadores em situações-problema de diferentes áreas. Por exemplo, um estudante de Física certamente precisará organizar de forma lógica os dados de que dispõe diante de um problema para que possa identificar e combinar conceitos e resolvê-lo, muitas vezes criando um algoritmo, um passo a passo para a resolução.

> O pensamento computacional é uma distinta capacidade criativa, crítica e estratégica humana de saber utilizar os fundamentos da computação, nas mais diversas áreas do conhecimento, com a finalidade de identificar e

resolver problemas, de maneira individual ou colaborativa, através de passos claros, de tal forma que uma pessoa ou uma máquina possam executá-los eficazmente. (Kurshan, 2016, citado por Brackmann, 2017, p. 29)

Portanto, indivíduos que desenvolvem o pensamento computacional utilizam diferentes competências, inclusive as que se relacionam com criatividade e criticidade. Por isso,

> o PC pode ser compreendido como um *approach* voltado para a resolução de problemas explorando processos cognitivos, pois discutem a capacidade de compreender as situações propostas e criar soluções através de modelos matemáticos, científicos ou sociais para aumentar nossa produtividade, inventividade e criatividade. (Guarda; Pinto, 2020, p. 1.463)

A Base Nacional Comum Curricular (BNCC) também indica que o pensamento computacional seja explorado na Educação Básica. O documento prevê que ele seja abordado em todas as disciplinas do Ensino Médio e explica que esse pensamento "envolve as capacidades de compreender, analisar, definir, modelar, resolver, comparar e automatizar problemas e suas soluções, de forma metódica e sistemática, por meio do desenvolvimento de algoritmos" (Brasil, 2018, p. 474).

O pensamento computacional se sustenta sobre quatro pilares: abstração, decomposição, algoritmo e reconhecimento de padrão (Brackmann, 2017).

Figura 1.1 – Pilares do pensamento computacional

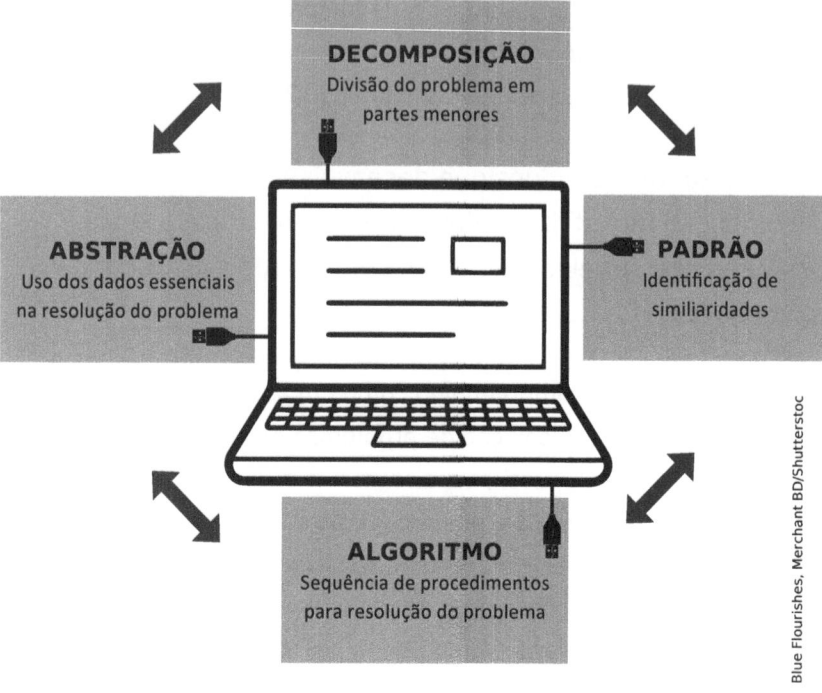

Fonte: Elaborado com base em Brackmann, 2017.

A **abstração** é a capacidade de extrair do problema somente as partes essenciais, aquilo que realmente será necessário para a resolução. A **decomposição** se refere à necessidade de se dividir um problema em partes menores, como estratégia para resolução. O **algoritmo** é a descrição do processo de resolução em passos. E o reconhecimento do **padrão** se relaciona com a generalização, ou seja, com o reconhecimento de regularidades que podem ser repetidas em outros contextos.

Uma possibilidade de utilização de tecnologias para o desenvolvimento do pensamento computacional não requer o uso de recursos digitais. É a chamada *computação desplugada*, que dispensa o uso de uma tecnologia digital, embora faça uso dos elementos presentes na ciência da computação (CC):

> A abordagem desplugada da CC introduz conceitos de *hardware* e *software* que impulsionam as tecnologias cotidianas até pessoas não técnicas. Em vez de participar de uma aula expositiva, as atividades desplugadas ocorrem frequentemente por meio da aprendizagem cinestésica (e.g. movimentar-se, usar cartões, cortar, colar, desenhar, pintar, resolver enigmas etc.) e os estudantes trabalham entre si para aprender conceitos da CC. (Brackman et al., 2019, p. 115)

Algumas possibilidades são robôs humanos, tabuleiros e infográficos.

Na escola, o professor pode estimular o pensamento computacional de seus estudantes mediante atividades impressas ou projetadas que trabalhem a abstração, o reconhecimento de padrão, o algoritmo e a decomposição. Esse tipo de atividade pode contribuir para o desenvolvimento do pensamento lógico do estudante, além de impulsionar o debate e a participação coletiva.

Para navegar mais

Conheça algumas atividades de computação desplugada em:

COMPUTACIONAL. **Atividades**. Disponível em: <https://www.computacional.com.br/#atividades>. Acesso em: 24 jul. 2023.

Há diferentes possibilidades de abordar o pensamento computacional no contexto educacional, como o uso de jogos digitais, de robótica educacional, de programação tradicional de computadores e de linguagem de programação visual. Forneceremos exemplos desse tipo de linguagem no último capítulo desta obra, mas na próxima seção descreveremos o que ela é e como funciona.

1.5 Programação visual

A educação básica não visa formar programadores profissionais, mas deve desenvolver o pensamento computacional dos estudantes (Brasil, 2018). Desenvolver habilidades com o uso das TDs é sugestão de Kenski (2011, p. 64) quando afirma que: "a escola precisa, enfim, garantir aos alunos-cidadãos a formação e a aquisição de novas habilidades, atitudes e valores, para que possam viver e conviver em uma sociedade em permanente processo de transformação".

Uma das formas de desenvolvimento de habilidades por meio do pensamento computacional é a utilização da programação visual. Também chamada de *programação intuitiva*, refere-se a uma linguagem de programação que não exige descrições textuais avançadas de algoritmos.

A programação visual consiste na descrição de comandos por meio de blocos ou outros elementos. De acordo com o GPINTEDUC (2023), a programação visual "é aquela cujos comandos são descritos por blocos, mnemônicos ou outros elementos gráficos, não dependendo de descrição textual avançada de algoritmos".

Considerando os apontamentos presentes dessa definição, classificamos a programação visual em três frentes:

1. mnemônicos;
2. blocos; e
3. outros elementos gráficos intuitivos.

Os **mnemônicos** são abreviações ou siglas que resumem a linguagem. Os **blocos** se assemelham a peças de quebra-cabeça, são coloridos e devem ser encaixados pelo programador. A programação por meio de **outros elementos gráficos** faz uso de manipulação de imagens com o teclado ou o *mouse* e é mais intuitiva que as demais possibilidades de programação visual, contendo sugestões textuais ou gráficas dos caminhos da programação.

Listamos, a seguir, alguns exemplos:

- Super Logo: programação visual baseada em mnemônicos;
- Scratch e MIT App Inventor: programação em blocos;
- Programaê!: plataforma que reúne propostas de programação intuitiva que utilizam diferentes elementos gráficos.

Conforme mencionamos, você poderá aprender mais sobre a linguagem de programação visual no último capítulo desta obra.

Desligando o canal virtual

Neste primeiro capítulo, apresentamos o conceito de tecnologias e foi possível constatar que ela se refere a mais do que a simples aparatos, já que envolve também os processos de fabricação, utilização e adequação de diferentes ferramentas.

Evidenciamos teorias filosóficas e psicológicas que mostram o que acontece com a sociedade e com o indivíduo a partir do uso das TDs. Foi possível perceber que alteramos a forma de utilizar o pensamento por meio do uso de recursos digitais.

Concluímos que os professores de Física precisam compreender o papel das TDs como possibilitadoras de transformação das formas de ensinar e aprender a disciplina.

Testes high tech

1) O que é tecnologia?
   a) É o conjunto de aparatos utilizados no mundo moderno, como celulares e computadores.
   b) É o conjunto de equipamentos, artefatos e processos de fabricação e utilização deles com vistas a aprimorar a qualidade de vida humana.
   c) É o sinônimo de técnica, correspondendo à utilização de recursos tecnológicos.
   d) É o conjunto de materiais não modificados pelo homem, presentes na natureza.
   e) São os recursos utilizados nas fábricas e nas indústrias contemporâneas.

2) De acordo com o entendimento de Oleg Thikhomirov sobre a utilização do computador pelo indivíduo, analise as afirmações a seguir e indique V para as verdadeiras e F para as falsas.
   ( ) Para o psicólogo, o computador substitui a mente criativa humana.
   ( ) A teoria que Thikhomirov considerou mais adequada para explicar o papel do computador no cognitivo humano foi a da Reorganização.
   ( ) O psicólogo percebeu em suas pesquisas que o computador sempre potencializa o pensamento humano.
   ( ) Thikhomirov constatou que o computador pode alterar a atividade mental humana, sem substituí-la ou suplementá-la.

Agora, assinale a alternativa que apresenta a sequência correta:

a) V, V, V, V.
b) F, F, F, V.
c) V, F, V, F.
d) F, V, F, V.
e) V, F, F, F.

3) Qual alternativa apresenta o melhor conceito de pensamento computacional?
   a) É o pensamento do computador.
   b) É o pensamento humano quando utiliza um aparelho de celular.
   c) É o processo de resolução de problemas mediante elementos que também são utilizados pelo computador.
   d) É o processo utilizado pelo computador para resolver problemas humanos.
   e) É uma disciplina para o ensino de digitação.

4) O que é a programação visual?
   a) É uma linguagem de programação baseada em comandos axiomáticos, por meio de blocos ou de outros elementos gráficos.
   b) É uma linguagem tradicional de programação que utiliza a sintaxe própria da ciência da computação.
   c) É a programação que ocorre sem o uso do computador.

d) É a união de números binários e outros elementos característicos da área de programação de computadores.

e) É a digitação no computador por meio do teclado.

5) Assinale a alternativa que corresponde a uma das ideias defendidas por Pierre Lévy:

a) Quando uma tecnologia aparece, ela elimina a anterior.

b) Os computadores existem para facilitar a vida do homem.

c) A oralidade e a escrita podem ser consideradas tecnologias.

d) As tecnologias são desenvolvidas por especialistas para dominar o mundo.

e) O mundo segue seu curso histórico independente das tecnologias.

Práticas digitais

1) Reflita sobre o papel da tecnologia no desenvolvimento da física e o papel da física no avanço tecnológico. Você considera que existe uma via de mão dupla entre elas? De que forma?

2) Considerando que as tecnologias são criações humanas para suprir necessidades em cada época, pesquise, reflita e responda: A física pode ser considerada uma tecnologia?

3) Pesquise na BNCC o termo *pensamento computacional*. Faça uma síntese do que o documento apresenta sobre isso.

Tecnologias na educação

2

As tecnologias sempre estiveram presentes nas escolas e permearam os processos de ensino e aprendizagem. Antigamente, as únicas tecnologias em uso nas salas de aula eram o caderno, o lápis, as carteiras e o quadro de giz, além dos processos que envolviam a utilização desses aparatos. Com o avanço tecnológico, as tecnologias digitais (TDs) também chegaram ao espaço escolar.

Neste capítulo, apresentaremos as TDs adequadas ao contexto educacional. Para isso, comporemos um panorama histórico do uso de tecnologias na educação e comentaremos sobre as TDs na educação. Ainda, proporemos uma reflexão sobre as possibilidades de auxílio à aprendizagem mediadas pelas tecnologias. Também analisaremos as abordagens contrucionista e intrucionista de utilização de computadores e verificaremos o papel do professor ao inserir tecnologias em sala de aula.

Esperamos que você possa reconhecer a importância de diferentes tecnologias como recursos para os processos de ensino e aprendizagem de Física, bem como compreender o histórico do uso das tecnologias na educação.

2.1 Histórico do uso de tecnologias na educação

Ao analisarmos as mudanças da sociedade e as possibilidades atuais, notamos que as tecnologias estão presentes no cotidiano humano. Hoje, utilizamos aplicativos para pedir refeições, realizar transações bancárias e até mesmo para praticar atividades físicas. Com um clique, temos acesso a muitas informações.

A escola é participante da sociedade e acompanha as transformações tecnológicas. Muitas unidades de ensino já utilizam TDs, contando com laboratórios de informática, lousas digitais, projetores e outros recursos.

No decorrer da história, vários termos foram utilizados para representar os recursos eletrônicos na educação, entre eles: TI (tecnologia da informação); TIC (tecnologia da informação e comunicação); NTIC (nova tecnologia da informação e comunicação); e TD (tecnologia digital). Dependendo do autor ou pesquisador, podemos encontrar textos com alguns dos termos indicados, todos referindo-se aos mesmos recursos digitais escolares.

O computador chegou às escolas brasileiras na década de 1970, para ser utilizado nos processos administrativos. Depois disso, grandes projetos governamentais foram norteando o uso das TDs nas escolas. O pioneiro "Educom" (Educação e Computadores), na década de 1980, pretendia formar profissionais para utilização do *software* Logo, com a criação de centros de pesquisa sobre informática na educação.

Outros projetos, como o "Formar" e o "Cied", envolveram universidades na formação de especialistas em informática e na criação de laboratórios. Em 1997, foi criado o "Proinfo" (Programa Nacional de Informática na Educação), que incentivou a distribuição de computadores nas escolas públicas brasileiras. Os projetos mais recentes são o UCA (Um Computador por Aluno) e a distribuição de *tablets*. Além dos projetos nacionais, os governos estaduais podem desenvolver planos para incentivo de utilização de TDs em sala de aula.

Brito e Purificação (2015) apresentam algumas ações da política de informação educativa no Brasil, desde 1979. Selecionamos algumas delas na linha do tempo a seguir.

Figura 2.1 – Políticas públicas de incentivo ao uso da tecnologia nas escolas

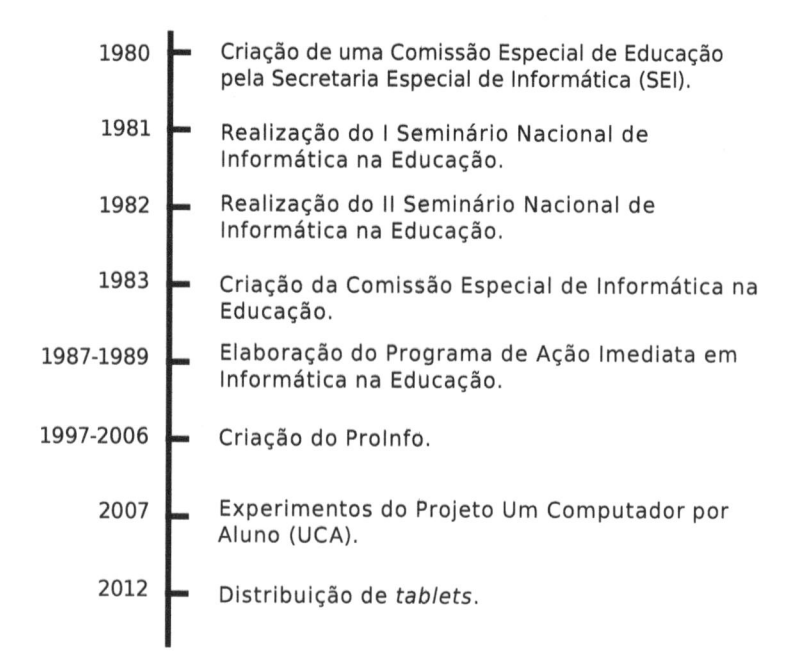

1980	Criação de uma Comissão Especial de Educação pela Secretaria Especial de Informática (SEI).
1981	Realização do I Seminário Nacional de Informática na Educação.
1982	Realização do II Seminário Nacional de Informática na Educação.
1983	Criação da Comissão Especial de Informática na Educação.
1987-1989	Elaboração do Programa de Ação Imediata em Informática na Educação.
1997-2006	Criação do ProInfo.
2007	Experimentos do Projeto Um Computador por Aluno (UCA).
2012	Distribuição de *tablets*.

Simão Neto (2002, citado por Brito; Purificação, 2015) descreve o movimento da informática na educação como ondas, conforme ilustrado a seguir.

Figura 2.2 – Ondas da inserção da informática na educação brasileira

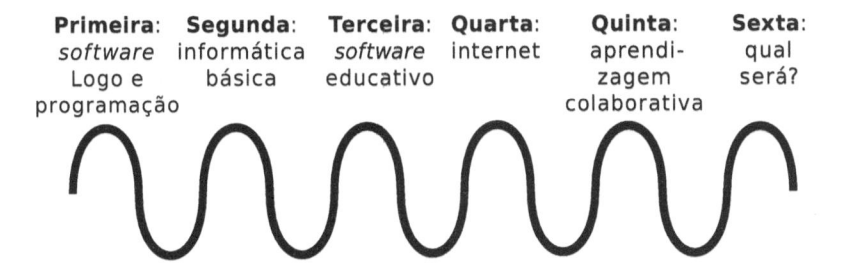

Primeira:	Segunda:	Terceira:	Quarta:	Quinta:	Sexta:
software Logo e programação	informática básica	*software* educativo	internet	aprendizagem colaborativa	qual será?

Como o avanço tecnológico não finda, novas ondas surgirão e alterarão os processos educacionais.

A Figura 2.3, a seguir, sintetiza o histórico de aparatos tecnológicos presentes na escola.

Figura 2.3 – Evolução dos aparatos tecnológicos usados nas escolas

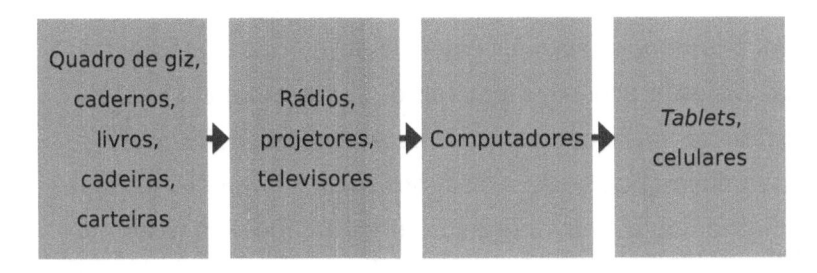

Quadro de giz, cadernos, livros, cadeiras, carteiras	→	Rádios, projetores, televisores	→	Computadores	→	*Tablets*, celulares

Todos esses recursos foram ou ainda são utilizados também no ensino de Física. Os professores de Física fazem uso dos materiais mais tradicionais quando praticam aulas expositivas. Entretanto, também existe a possibilidade de inserção de TDs por meio do uso de laboratórios virtuais, simuladores e jogos digitais.

2.2 Tecnologias digitais na educação

A utilização de TDs no contexto educacional brasileiro pode ser dividida em quatro fases, conforme citam Borba, Silva e Gadanidis (2016). Embora uma fase não tenha suplantado a anterior, os autores fizeram uma organização cronológica da utilização das principais tecnologias informáticas, desde o surgimento do computador na escola. As fases se iniciaram conforme a implantação de inovações tecnológicas.

A **primeira fase** teve início em 1985, com o uso do *software* Logo, um programa que permite ao aluno executar construções por meio de programações. O *software* foi criado por Seymour Papert como uma relação entre as programações e o pensamento matemático. Então, criou-se a a expectativa da construção de laboratórios de informática nas escolas, nos quais seriam aplicadas metodologias inovadoras. Embora o Logo seja mais direcionado à Matemática, estudantes de Física podem ser estimulados a desenvolver o pensamento computacional mediante a programação, o que facilita a resolução de problemas, favorecendo o aprendizado desse componente curricular. Portanto, o resultado dessa primeira fase do uso das TDs promoveu contribuições para o ensino da Física nos dias atuais.

Nos anos 1990, iniciou-se a **segunda fase**, marcada pelo lançamento de *softwares* educacionais, que permitiram que novos problemas matemáticos fossem explorados e elaborados em diversos níveis de ensino, conforme registram Borba, Silva e Gadanidis (2016).

Figura 2.4 – *Software* matemático da década de 1990

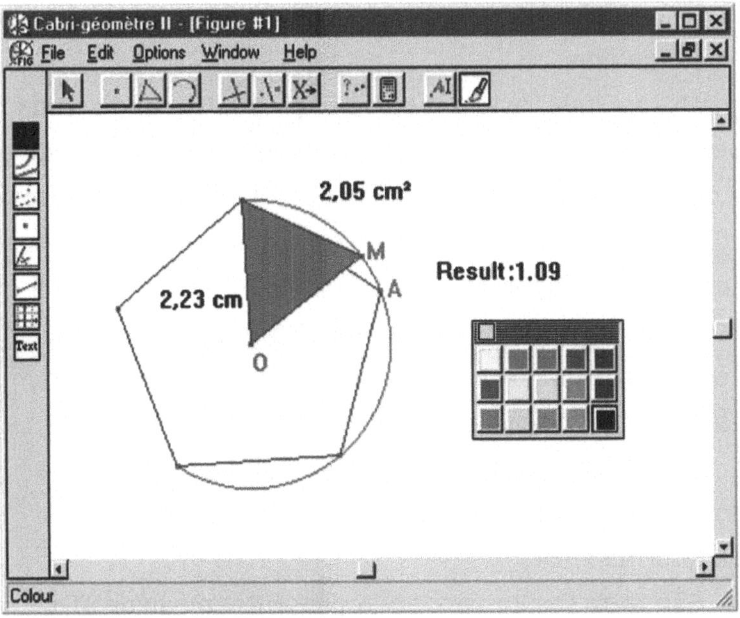

Cabri II Plus/Cabrilog

Ainda hoje, o uso de *softwares* pode trazer benefícios ao contexto educacional. No ensino de Física, o professor pode selecionar programas que possibilitem a interatividade do estudante com recursos que ampliem as compreensões sobre mecânica, ondulatória, termodinâmica e eletricidade, por exemplo.

A **terceira fase** é caracterizada pela difusão da internet, a partir de 1999. A internet na educação disponibilizou novos meios de comunicação entre professores e estudantes, bem como novas formas de acesso à informação. Nesse período, começaram a ser implementados os ambientes virtuais de aprendizagem que abrigavam atividades de investigação matemática coletivas possibilitando interações virtuais. Ora, a internet também pode ser utilizada em aulas de Física nas estratégias investigativas.

Desde 2004, está em curso a **quarta fase**, marcada por melhorias de conexão, que ampliaram a quantidade e a qualidade de recursos com acesso à internet. Recursos como GeoGebra, vídeos, objetos de aprendizagem, redes sociais, tecnologias móveis e Scratch passam a ser utilizados na aprendizagem. As redes sociais também podem ser utilizadas pelos professores de Física que pretendam estabelecer comunicação com seus estudantes.

No ensino de Física, diferentes simuladores são usados pelos professores, como os que estão alocados na plataforma PhET.

São recursos que podem representar o uso de TDs na escola: *softwares*; aplicativos; realidades aumentada e virtual; jogos digitais; objetos de aprendizagem; lousa digital; e gamificação.

2.3 Possibilidades de auxílio à aprendizagem

As TDs, por si só, não garantem melhoria no ensino. Não obstante, as pesquisas na área têm mostrado bons resultados quando o aluno se torna o protagonista na aprendizagem utilizando tais tecnologias. É importante lembrar que, quando inserida na escola, a TD pode:

- alterar os processos de ensino e de aprendizagem;
- melhorar esses processos (embora não necessariamente faça isso).

Uma possibilidade são os **objetos de aprendizagem** (OAs). Disponíveis em repositórios gratuitos, eles são recursos sobre conteúdos específicos que podem ser utilizados e reutilizados por professores. Alertamos, porém, que cada tecnologia tem uma especificidade, sendo necessário definir o objetivo da aula para escolher uma TD apropriada.

Outras práticas relevantes com TD se referem aos **vídeos digitais**. O professor pode utilizar vídeos já prontos ou produzi-los com os estudantes. Hoje, as redes sociais permitem o compartilhamento de vídeos, o que pode favorecer ainda mais as práticas com esses recursos.

Ainda, há as lousas digitais, que permitem interatividade em sala de aula. Elas podem ser utilizadas para simular situações, produzir animações e melhorar a visualização de figuras.

Assinalamos que não existe um consenso com relação aos conceitos de OAs, *softwares* ou recursos digitais. Apresentamos aqui alguns recursos com determinadas denominações; contudo, é possível que outros autores atribuam outros termos para esses mesmos recursos.

Como opções disponíveis ao ensino e à aprendizagem de Matemática, existem os acervos digitais que disponibilizam materiais gratuitos ou pagos. Os recursos educacionais abertos (REAs) são materiais para uso e adaptação por professores. O que diferencia um OA de um REA é o fato de este precisar necessariamente estar disponível para ser adaptado gratuitamente pelo professor. Portanto, os REAs devem estar completamente disponíveis não só para acesso, mas também para edição.

É possível localizar OAs, REAs, *softwares* e demais recursos para sala de aula acessando repositórios gratuitos. Muitos órgãos departamentais disponibilizam esses repositórios. Um exemplo é o Banco Internacional de Objetos Educacionais. Os repositórios são, portanto, espaços para acessar recursos digitais gratuitos, tais como:

- portais governamentais;
- portais de pesquisadores;
- Banco Internacional de Objetos Educacionais.

Como exemplos de recursos digitais, podemos citar:

- *sites* gratuitos ou pagos;
- REA (materiais de ensino e aprendizagem em qualquer suporte);
- TV Escola;
- tecnologias assistivas;
- ambiente virtual de aprendizagem (AVA);
- Escola Digital;
- portais de Secretarias Estaduais de Educação;
- Núcleo de Desenvolvimento de Objetos de Aprendizagem Significativa (NOAS).

Vale ressaltar que nem todos os conteúdos escolares poderão ser abordados por meio do uso de alguma TD. Cabe ao professor equilibrar momentos de explicações mais tradicionais com possíveis utilizações de recursos digitais.

Reflita on-line

O professor precisa conhecer as especificidades das tecnologias. Em alguns momentos, é possível que o docente deseje que o estudante memorize determinado algoritmo. Para isso, pode usar jogos digitais ou outros recursos que favoreçam tal memorização. Em outros conteúdos, talvez seja mais adequado desenvolver no estudante um processo mais investigativo, que pode ser favorecido com o uso de OAs.

Provavelmente, você já percebeu que existem diferentes abordagens para utilização das TDs. Isso já foi constatado a respeito do uso do computador desde 1960, quando Seymour Papert começou a criticar a utilização desse equipamento nas escolas americanas. A seguir, detalharemos duas abordagens.

2.4 Abordagens instrucionista e construcionista

O computador pode ser utilizado na escola por meio de abordagens diferentes. Alguns *softwares* transmitem informações para os estudantes por intermédio de textos ou áudios. Outros permitem que os estudantes interajam e façam alterações em seus conteúdos. Há, ainda, os *softwares* que apresentam atividades a serem desenvolvidas pelos alunos. Podemos classificar esses programas como instrucionistas ou construcionistas.

Barros e Carvalho (2011) indicam que, em abordagens **instrucionistas**, a máquina ou o recurso transmite ou repassa informações para os alunos. Nessa perspectiva, o estudante não tem um papel ativo. É o caso de um vídeo ou de um tutorial.

Figura 2.5 – Estudantes utilizando o computador como vídeo ou tutorial

Já em uma abordagem **construcionista**, o estudante utiliza o computador como recurso para criação, resolução de problemas e representação de ideias (Brito; Purificação, 2015). No ensino de Física, isso se efetiva quando o estudante manipula um simulador digital, por exemplo. Nesse caso, a ação do estudante é fundamental.

Figura 2.6 – Estudantes criando com tecnologia digital

Stokkete/Shutterstock

O construcionismo foi proposto pelo matemático Seymour Papert com base na teoria epistemológica de Piaget (construtivismo). Trata-se de uma abordagem no uso do computador na qual o estudante vivencia um processo ativo, desenvolve projetos, constrói artefatos e os compartilha (Maltempi, 2012). Curci (2017) destaca a relevância do papel do professor para que o conhecimento seja socializado durante a abordagem construcionista.

Inserir TDs na escola pode contribuir para que o estudante desenvolva novas formas de aprender. Contudo, conforme já assinalamos, a simples inserção de recursos digitais não garante alterações nos processos de ensino e aprendizagem, já que o professor pode adotar uma postura instrucionista de ensino, mesmo empregando aparatos tecnológicos modernos.

Retomando, Papert (1993) criticava a forma como o computador era utilizado. Para ele, "é a criança que deve programar o computador e, ao fazê-lo, ela adquire um sentimento de domínio sobre um dos mais modernos e poderosos equipamentos" (Papert, 1993, p. 18).

De acordo com Maltempi (2012, p. 288), a teoria de aprendizagem proposta por Papert é

> uma estratégia para a educação, que compartilha a ideia construtivista de que o desenvolvimento cognitivo é um processo ativo de construção e reconstrução das estruturas mentais, no qual o conhecimento não pode ser simplesmente transmitido do professor para o estudante.

Embora Papert (1993) não julgasse ser indispensável a presença do computador para a criação de projetos por parte dos estudantes, Valente (1993, p. 134) indica que essas construções precisam ser desenvolvidas no computador, já que este "requer certas ações que são bastante efetivas no processo de construção do conhecimento".

Na esteira do pensamento de Papert (1993) e Valente (1993), o estudante cria projetos e os compartilha. No contexto educacional, é possível que os indivíduos criem projetos por meio da programação visual, com *softwares* como o Super Logo, o MIT App Inventor e o Scratch. Uma programação visual pode ser disponível para o usuário por meio de blocos lógicos ou outros elementos gráficos, ou ainda mediante recursos textuais mais simples, como Super Logo.

Para orientar a abordagem construcionista, Valente (1993) propôs um ciclo de aprendizagem na utilização do computador, que é apresentado por Curci (2017, p. 57) como:

> uma ferramenta de ensino e de aprendizagem, de maneira que o estudante precisa "dizer" ao computador o que é preciso ser executado e o professor criar o ambiente ideal de aprendizagem. Por conseguinte, a teoria aponta que a construção do conhecimento só acontece quando o ambiente de aprendizado proporcionado pelo *software* viabiliza ao aprendiz o levantamento de hipóteses, a investigação, a obtenção de resultados e o refinamento de suas ideias iniciais.

Valente (1993) sugeriu, então, o **ciclo descrição-execução-reflexão-depuração-descrição** para o desenvolvimento da aprendizagem no paradigma construcionista.

Figura 2.7 – Ciclo do construcionismo

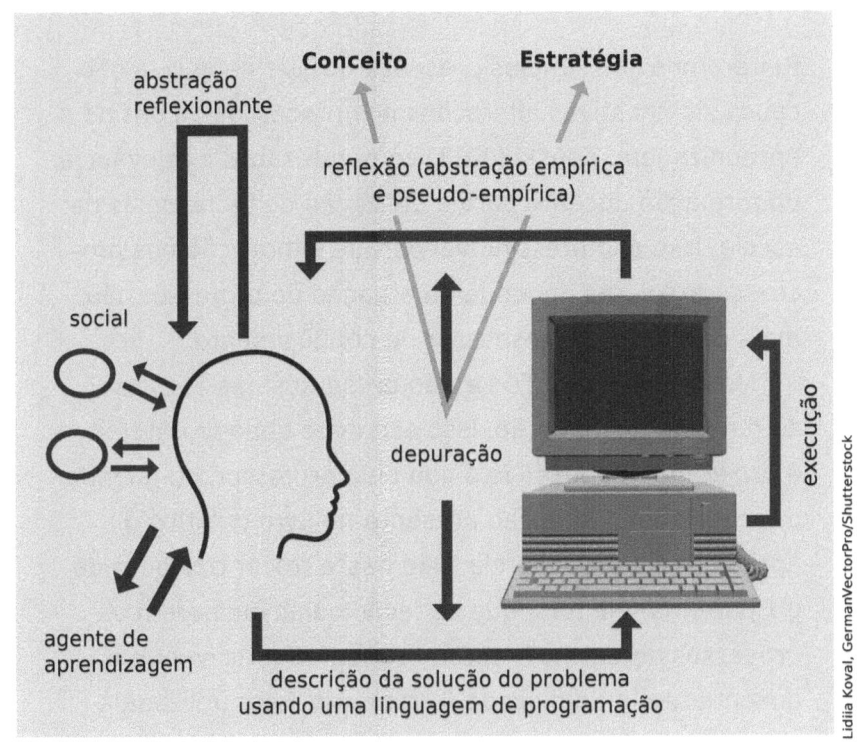

Diagrama com os seguintes elementos: abstração reflexionante, Conceito, Estratégia, reflexão (abstração empírica e pseudo-empírica), social, depuração, execução, agente de aprendizagem, descrição da solução do problema usando uma linguagem de programação.

Fonte: Valente, 1993, p. 36.

Lidiia Koval, GermanVectorPro/Shutterstock

Na fase da descrição, o usuário deve informar para o computador os procedimentos desejados em determinada programação. Na fase da execução, o computador realiza as ações programadas previamente. O usuário analisa, então, se as ações estão corretas ou se é necessário realizar alguma depuração na programação inicial.

Todo esse ciclo deve ser acompanhado pelo professor, a quem compete orientar os estudantes sobre os possíveis erros que tenham cometido ao utilizar o computador para realizar construções.

2.5 Papel do professor

Reiteramos que simples presença de TDs na escola não causa significativas alterações nos processos de ensino e aprendizagem. Kenski (2011) comenta sobre a relevância da formação docente para a utilização de tecnologias na escola. Isso é imprescindível porque a inovação nos processos escolares depende da atuação do professor não mais como mero transmissor do conhecimento.

Muitas vezes, as TDs estão presentes nas escolas sem nenhuma inovação. Isso acontece quando um texto é projetado em um *slide* e lido pelo professor, ou quando um exercício idêntico ao presente no livro didático é apresentado em uma tela. Não basta trocar o quadro de giz por uma tela para que as tecnologias melhorem os processos de ensino e aprendizagem. É preciso que o docente tenha domínio da ferramenta a ser utilizada e explore potenciais que ela tem para o ensino:

> As novidades tecnológicas podem ser de grande auxílio aos processos educacionais, desde que aqueles que delas se vão valer as dominem e saibam quais as particularidades advindas da sua utilização em atividades pedagógicas e às quais precisam estar atentos. (Kalinke, 2014, p. 13)

Kenski (2011) menciona o mau uso da tecnologia quando o professor não altera sua metodologia. A autora ainda comenta sobre a resistência que muitos docentes demonstram diante desses recursos.

Brito e Purificação (2015) destacam alguns fatores que favorecem a utilização de TDs sem inovação:

- falta de domínio técnico;
- falta de relações entre os conteúdos;
- remuneração baixa; e
- falta de percepção de que cada aluno é único.

Durante a história, apesar do avanço tecnológico e das muitas mudanças na sociedade, a escola manteve-se quase inalterada, com alunos enfileirados e o professor repassando informações. Em muitos casos, a tecnologia é inserida, mas não rompe com esse padrão. O professor continua sendo o detentor do conhecimento e os alunos meros espectadores.

As TDs promovem inovações no ensino somente quando o professor assume um papel diferente, dando espaço para que os estudantes sejam protagonistas nos processos de aprendizagem. Quando o professor se torna mediador, atividades colaborativas podem se efetivar.

Moretto (2011) comenta sobre a importância de uma intervenção pedagógica apropriada na utilização de tecnologias pelos estudantes. Apenas levar os estudantes ao laboratório de informática não garante um uso apropriado de TDs. O professor mediador escolhe com antecedência recursos e metodologias, lança desafios, propõe pesquisas e estimula seus estudantes a investigar e resolver problemas. A função docente para utilização de TDs de modo inovador prevê: professor mediador; estudante protagonista; e espaço para atividades colaborativas.

Para Moretto (2011, p. 107), "é preciso que o professor conheça as tecnologias disponíveis para apoio pedagógico e as melhores técnicas de intervenção pedagógica, de modo a criar as melhores condições para que o aluno aprenda". A mediação adequada proporciona diálogo, investigação, debates, troca de experiências, desafios e conhecimento.

Alguns professores têm resistência em usar recursos digitais, alegando que eles podem atrapalhar o aprendizado. O docente precisa desenvolver conhecimentos sobre os impactos das tecnologias na escola para que esses preconceitos sejam desmitificados. Outros aspectos podem dificultar a opção de utilizar tecnologias, como falta de conhecimento técnico. Tais fatores podem ser minimizados com a formação inicial, com cursos, palestras e participação em eventos da área.

Entre as resistências de professores relacionadas às TDs, podemos destacar:

- medo de ser substituído;
- medo de sair da zona de conforto;
- resistência e preconceito; e
- falta de conhecimento.

Para Serafim e Sousa (2011, p. 20), "é essencial que o professor se aproprie da gama de saberes advindos com a presença das TDs da informação e da comunicação para que estes possam ser sistematizados em sua prática pedagógica". Essa apropriação pode acontecer por meio de formação continuada, como:

- cursos presenciais e *on-line*;
- participação em grupos de pesquisa;
- participação em eventos, congressos etc.; e
- buscas individuais.

Desligando o canal virtual

Neste capítulo, estudamos sobre o uso das TDs na escola. Citamos políticas públicas que conduziram à inserção de algumas tecnologias no contexto escolar. Também apresentamos algumas opções de recursos que podem ser explorados tanto de maneira instrucionista quanto construcionista. Também destacamos que a mediação do professor é necessária para que as tecnologias promovam mudanças significativas nos processos de ensino e aprendizagem.

Quadro 2.1 – Transformação da teoria em prática

Como transformar a teoria estudada em prática pedagógica?	
Vencer o preconceito	Saiba que o computador e as demais TDs não substituem o professor.
Vencer o medo	Aprenda a utilizar variadas ferramentas e lembre-se de que não há problema se o estudante souber mais sobre uma tecnologia do que o professor.
Estabelecer combinados	O aluno deve saber o que pode e o que não pode: crie regras sobre a utilização antes de iniciar as atividades que envolvem as tecnologias.
Escolher recursos	Procure em *sites* especializados recursos apropriados para suas aulas, troque ideias com seus colegas, atualize-se.

Explanamos um pouco sobre o uso de TDs na educação de forma mais ampla, sem aprofundar exclusivamente para o ensino de Física. Isso porque a utilização das TDs na escola pode ocorrer também em propostas interdisciplinares. Veja alguns pontos importantes:

- A simples inserção de TDs na escola não garante alterações nos processos de ensino.
- O professor precisa compreender as especificidades das tecnologias.
- O professor deve assumir o papel de mediador.

- A abordagem construcionista possibilita que os estudantes criem situações e resolvam problemas usando o computador.
- O professor deve participar continuamente de processos formativos com vistas a manter-se em sintonia com as atualizações tecnológicas.

Testes high tech

1) A respeito da inovação na escola por meio da inserção de TDs, assinale a alternativa correta:
   a) A simples presença de tecnologias na escola já configura inovação.
   b) As TDs nunca representarão inovação na escola, pois já fazem parte da sociedade.
   c) As tecnologias serão inovações se existirem novas propostas de ensinar e aprender.
   d) O papel do professor é insignificante diante das TDs.
   e) As TDs vão substituir o professor na escola.

2) Analise as afirmativas a seguir, a respeito das fases das TDs na educação.
   I) As TDs entraram nos contextos educacionais a partir dos anos 2000, com o advento da internet.
   II) A chegada de uma fase nova substitui automaticamente a fase em vigor, não sendo mais possível utilizar recursos de fases anteriores.

III) A linguagem Logo, os *softwares* de geometria dinâmica, os *sites* educacionais e o uso de smartphones em sala de aula são exemplos de TDs possíveis de serem usadas na escola.

IV) Atualmente, estamos vivenciando a quarta fase das TDs, a qual é marcada pelo uso dos OAs e dos demais recursos disponíveis para os processos de ensino e aprendizagem.

São corretos apenas os itens:

a) I e II.
b) I, II e III.
c) II e III.
d) II, III e IV.
e) III e IV.

3) Sobre construcionismo, analise as afirmações a seguir.
   I) Construcionismo é sinônimo de instrucionismo.
   II) Valente (1993) propõe um ciclo de aprendizagem para uso de computadores, no qual o estudante descreve, executa, reflete, depura e descreve novamente.
   III) Um *software* tutorial, que explica como utilizar determinado item, pode ser considerado um exemplo de *software* construcionista.
   IV) A linguagem Logo é um exemplo de abordagem construcionista.

São corretos somente os itens:

a) I, II e IV.
b) I, III e IV.
c) II, III e IV.
d) II e IV.
e) I e II.

4) As crianças e os jovens nascidos na era digital podem ser chamados de *nativos digitais*. Assinale a alternativa que apresenta as principais características dessa geração:

a) São muito focados em temas específicos, gostam de terminar determinada atividade antes de iniciar outra e têm altas habilidades tecnológicas.
b) São habilidosos na utilização, na programação e na manutenção da tecnologia. Conhecem o computador detalhadamente. São preocupados com as técnicas que envolvem os processos de cada tecnologia. Têm mais dificuldades de aprendizagem do que jovens de outras épocas.
c) A mobilidade é a principal característica desses jovens. Conseguem desenvolver várias atividades ao mesmo tempo. Gostam de trabalhar em grupo e desenvolvem procedimentos não lineares.

d) Em razão do vício nas TDs, são extremamente individualistas e têm dificuldades de aprendizagem. Interessam-se apenas por atividades tecnológicas.

e) São mais inteligentes do que os jovens de gerações anteriores. Têm facilidade na aprendizagem de variados conteúdos e preferem o trabalho individual.

5) Sobre o uso de TDs em atividades educacionais, assinale a alternativa correta:

a) As TDs servem para facilitar o trabalho pedagógico do professor.

b) As TDs servem para facilitar a compreensão de qualquer assunto pelos alunos.

c) Escolas que não usam TDs não têm boas práticas pedagógicas.

d) As TDs são obrigatórias em qualquer disciplina e atividade de ensino.

e) As TDs podem auxiliar na compreensão de assuntos que, sem elas, representem dificuldades para alunos e professores.

Práticas digitais

1) Acerca do uso do computador na aprendizagem, descreva e diferencie as abordagens instrucionista e construcionista, dando um exemplo de cada uma delas.

2) Pesquise sobre diferentes recursos digitais utilizados em aulas de Física. Você considera que a chegada do computador, do projetor, dos vídeos e de outros aparatos na escola alterou o processo de ensino desse componente curricular? Por quê?

3) Pesquise TDs que possam ser utilizadas por professores de Física na educação básica. Faça uma lista de recursos adequados para cada área desse componente curricular.

Tecnologias na aprendizagem de Física na educação básica

3

Que recursos têm sido utilizados por professores inovadores no ensino de Física? Quais são as tecnologias digitais (TDs) que podem ser utilizadas nas aulas desse componente curricular? Você conhece algumas delas?

Diante do ininterrupto avanço da ciência e da tecnologia, as respostas a esses questionamentos podem variar com a diferença de poucos dias, já que constantemente surgem inovações nos aparatos e processos tecnológicos.

Mais do que memorizar nomes de *softwares* ou objetos de aprendizagem (OAs), o docente de Física precisa compreender como as tecnologias podem ser úteis para os processos de ensino e aprendizagem.

Esperamos que você identifique as TDs que têm potencialidade de recursos digitais específicos para o ensino de Física.

Adotaremos aqui uma perspectiva interdisciplinar, sempre qualificando o estudante como protagonista do processo de aprendizagem. As propostas estão alinhadas com as legislações vigentes, especialmente a Lei de Diretrizes e Bases da Educação Nacional (LDBEN), que oportunizou o desenvolvimento da nova Base Nacional Comum Curricular (BNCC).

Malgrado os professores tenham demonstrado resistência a mudanças, investigações principalmente no âmbito da pós-graduação, descritas em dissertações e teses, revelam que muitos docentes vêm desenvolvendo atividades bastante diferenciadas no ensino de Física.

Vários trabalhos abordam o uso de simuladores, laboratórios e tecnologias diversificadas. Nas salas de aula contemporâneas, não raro são empregadas diferentes TDs, como *softwares*, simuladores, realidades aumentada e virtual, OAs, animações, jogos e aplicativos.

Essas possibilidades revelam que o ensino tradicional vem sendo substituído por novas metodologias que se voltam ao estudante.

3.1 *Softwares*

Os *softwares* não são recursos criados especificamente para a educação, embora possam ser educacionais.
A palavra *software* é formada pelo termo *soft*, que significa "leve"; e *ware*, que significa "produto" ou "artigo". Diferencia-se, assim, de *hardware*, que contém o termo *hard*, traduzido como "pesado". Logo, a palavra *hardware* é utilizada para descrever os materiais físicos relacionados ao computador, e o termo *software* designa os programas computacionais.

Então, um *software* pode ser considerado:

- um programa de computador;
- um serviço computacional para realização de ações nos sistemas de computadores;
- uma sequência de instruções a serem executadas pelo computador.

Possivelmente, você faça uso de algum programa de computador para digitar textos ou para organizar seus dados em planilhas. Esses programas são *softwares*. Há diferentes tipos, que podem ser classificados conforme especificamos no Quadro 3.1.

Quadro 3.1 – Classificação dos *softwares*

Tipo	Exemplo
Sistemas operacionais	Windows
Softwares aplicativos	Excel ou demais planilhas eletrônicas; Word ou demais editores de textos; PowerPoint ou demais editores de apresentação
Softwares de linguagem de programação	Java
Softwares de rede	Próprios de cada empresa ou organização

Todos esses tipos podem ser utilizados no contexto educacional. O professor pode utilizar, por exemplo, um *software* aplicativo para elaborar listas de exercícios ou avaliações.

Há, também, *softwares* desenvolvidos exclusivamente para processos de ensino e aprendizagem: são os *softwares* educacionais. Não obstante, o *software* educacional "deve atender aos objetivos que estão sendo propostos no contexto educacional, independentemente dos objetivos para os quais foram projetados" (Tavares, 2017, p. 19).

Complementando, o Grupo de Pesquisa em Inovação e Tecnologias na Educação (GPINTEDUC) da Universidade Tecnológica Federal do Paraná (UTFPR) compreende que:

> Um software educacional tem sua definição associada à sua utilização e intencionalidade, adota uma teoria de aprendizagem, possibilita o desenvolvimento ou a ressignificação de uma unidade ou componente curricular e utiliza diferentes recursos multimídia. (GPINTEDUC, 2023)

Portanto, um *software* educacional carrega consigo determinada compreensão sobre o ensino. Ele pode ser do tipo tutorial, sem considerar que o estudante deva ter um papel ativo na aprendizagem, ou pode privilegiar a ação protagonista do estudante, sendo uma possibilidade de metodologia ativa.

No Quadro 3.2, listamos alguns tipos de *softwares* educacionais.

Quadro 3.2 – Seis tipos principais de *softwares* educacionais

Tipo	Breve descrição
Tutoriais	Reúnem conceitos e instruções diretas para execução de tarefas, com baixa interatividade (tutoriais que ensinam a utilizar *softwares*, por exemplo).

(continua)

(Quadro 3.2 – conclusão)

Tipo	Breve descrição
Exercitação (exercícios e práticas)	Programas que possibilitam a execução de atividades e/ou exercícios de maneira interativa (nas quais estudantes possam responder), tais como *quizzes*.
Investigação (multimídias e internet)	*Softwares* voltados para pesquisa de informações, como enciclopédias e repositórios de recursos (em mídias digitais e *on-line*).
Simulação (modelagem)	Os simuladores são programas voltados para "imitar" com certa precisão situações às quais os estudantes (usuários) não teriam acesso com facilidade, permitindo a interação com fenômenos e a observação de variáveis, tendo papel integrador entre a teoria e a prática em determinado assunto.
Jogos	Programas de entretenimento com alto nível de interatividade e programação mais avançada, podendo ser utilizados tanto como atrativos motivadores para o estudante quanto em uma situação mais lúdica de ensino; é possível – e, em alguns casos, até recomendável – que se integrem jogos e *softwares* interativos no processo educacional.
Abertos (aplicativos)	São aqueles que dispõem de funções diversas (abertas), como editores de texto, planilhas eletrônicas, *softwares* de apresentação de *slides*, bancos de dados, entre outros.

Fonte: Elaborado com base em Nascimento, 2009.

Arrolamos, a seguir, alguns exemplos de *softwares* que podem ser utilizados por professores de Física:

- Scratch: *software* para programação visual que permite que o estudante crie animações, jogos e histórias;
- GeoGebra: *software* para matemática, direcionado principalmente para geometria e função;
- Logo: linguagem criada por Papert na década de 1960 e incentivada nos anos 1980;
- Modellus: programa que permite aos usuários criar simuladores.

Relembrando: os *softwares* educacionais podem ser aplicativos, OAs, recursos de programação, simuladores, entre outros.

Para navegar mais

Acesse o artigo indicado a seguir, para conhecer diferentes *softwares* que podem ser utilizados no ensino de Física:

BATISTA, P. R.; LOMONACO, O. A. O.; RIBEIRO, L. J. G. Novos caminhos para o ensino da Física: o uso de softwares educacionais. **Revista de Iniciação Científica da Unifeg**, Guaxupê, n. 13, nov. 2013. Disponível em: <https://unifeg.edu.br/webacademico/site/revista-pic/ed/2013/Pamela.pdf>. Acesso em: 25 jul. 2023.

A disciplina de Física muitas vezes é vista como de difícil compreensão por alguns estudantes. O fato de ela envolver o uso da Matemática e conceitos abstratos pode contribuir para a dificuldade de aprendizagem. Assim, é importante que novas metodologias sejam utilizadas, que o conhecimento prévio do estudante seja levado em consideração e que os professores sejam preparados para atuar em sala de aula.

A formação inicial e continuada do professor tem uma grande relevância na qualidade do ensino e da aprendizagem. Essa formação é igualmente necessária para o trabalho com TDs. Para que essas tecnologias possam representar inovações no ambiente escolar, é preciso que o profissional de ensino esteja capacitado para escolher os artefatos adequados, aproveitar as potencialidades de cada ferramenta ou *software* e permitir que os estudantes assumam um papel protagonista na aprendizagem.

O professor deve saber escolher a tecnologia adequada ao objetivo de sua aula. Kenski (2011) alerta sobre as especificidades das tecnologias. De acordo com Kenski (2003, p. 5), "O uso inadequado dessas tecnologias compromete o ensino e cria um sentimento aversivo em relação à sua utilização em outras atividades educacionais, difícil de ser superado".

Assim, o professor precisa conhecer cada tecnologia para usá-la bem. Em alguns casos, a utilização do *smartphone*, por exemplo, pode desviar a atenção dos estudantes e prejudicar o aprendizado. Em outros encaminhamentos, seu uso pode contribuir para ambientes motivadores, de pesquisa, em sintonia com o modo de ser dos jovens nascidos na era digital.

De acordo com o conteúdo da aula, *softwares* que permitem melhor visualização de imagens ou simulação de situações que não são possíveis em ambientes físicos podem ser escolhas acertadas pelo professor. Kenski (2011, p. 46) menciona que "é preciso respeitar as especificidades do ensino e da própria tecnologia para poder garantir que seu uso, realmente, faça diferença".

A formação inicial pode contribuir para que o professor compreenda seu papel na utilização das TDs. É importante, também, que esse profissional compreenda que a formação é um processo contínuo, até porque o avanço tecnológico exige constantes adaptações e alterações nas escolhas de tecnologias. A esse respeito, Siqueira (2013, p. 207) registra que:

> a incorporação das TICs na formação dos professores pode contribuir, portanto, para o enriquecimento do trabalho pedagógico, uma vez que contribui para a construção de um aprendizado mais autônomo, criativo e coerente com as construções de sentido da contemporaneidade.

Alguns tipos de *softwares* educacionais têm características específicas. Detalharemos algumas delas na continuidade do texto.

3.2 Simuladores

Utilizar simuladores no ensino de Física pode ser bastante produtivo. Algumas escolas brasileiras não contam com laboratórios de Física, e o uso da simulação pode possibilitar que os estudantes compreendam fenômenos que deveriam ser experimentos nos laboratórios.

Além disso, existem experimentos que poderiam colocar os estudantes em risco, como os que envolvem fogo. Nesses casos, a simulação pode eliminar os perigos e proporcionar reflexões e compreensões no processo de aprendizagem.

Suponha, por exemplo, que o professor de Física pretende trabalhar com dilatação térmica, mostrando que uma esfera, depois de bastante aquecida, não pode ser encaixada novamente dentro de um orifício, onde originalmente estava acomodada. Para evitar um possível risco aos estudantes com o aquecimento da esfera, o professor pode buscar um simulador que mostre a situação em uma animação ou um laboratório virtual.

Os simuladores são *softwares* educacionais direcionados para conteúdos específicos que permitem a representação de situações reais. Eles simulam, representam, mas não mostram diretamente a realidade. Silva e Abreu (2020, p. 76) definem os simuladores como "maneiras de tentar imitar sistemas reais, ou conceituais, a fim de se estimar um resultado aproximado de suas consequências dadas certas condições iniciais".

O uso de TDs e OAs pode contribuir significativamente com o ensino de Física. Muitas vezes, é difícil para o estudante compreender conceitos muito abstratos quando apenas explicados na lousa ou lidos em livros e apostilas.

Nesse sentido, o uso de OAs, animações e simuladores podem favorecer o aprendizado dos conceitos relacionados à Física, possibilitando melhor visualização e compreensão sobre cada tema.

> Quando o aluno tem a oportunidade de experimentar uma determinada simulação, pode testar atividades de maneira mais prática em relação a explicações meramente teóricas. A simulação permite ainda que atividades corriqueiras, condizentes com a realidade familiar do aluno, sejam experimentadas. Percebe-se que, através da simulação, o aluno ganha mais autonomia na construção do conhecimento, uma vez que resolve problemas pela experimentação. Essa autonomia é pertinente em ambientes construtivistas de aprendizagem. (Rocha, 2018, p. 66)

As simulações disponibilizam "ferramentas que possibilitem a realização de experimentos que envolvam conceitos avançados, de tal forma que os usuários possam explorar qualitativamente as relações que se evidenciam nas representações visuais disponíveis" (Kalinke, 2003, p. 86).

As simulações podem ser interativas ou não interativas. "Os simuladores não interativos servem para mostrar e ilustrar a evolução temporal de algum evento ou fenômeno" (Heckler, 2004, p. 24).

Já os simuladores interativos possibilitam ao usuário alterar vários parâmetros da simulação, explorando a situação física representada. Ao manipular, ele observa o comportamento do fenômeno estudado.

Figura 3.1 – Exemplo de simulador interativo

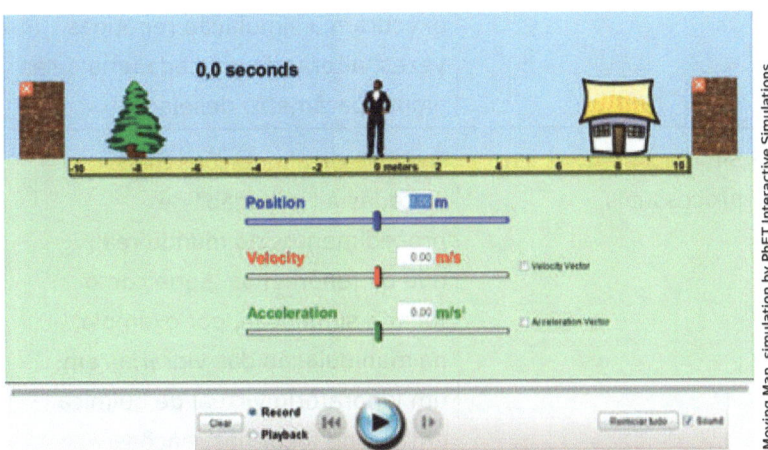

Moving Man, simulation by PhET Interactive Simulations, University of Colorado Boulder, licensed under CC-BY-4.0 (https://phet.colorado.edu)

Mesmo simuladores que proporcionem pouca interação podem ter grande capacidade de simular qualitativamente o fenômeno (Macêdo; Dickman; Andrade, 2012).

Há outras classificações para simuladores presentes na literatura, conforme registramos no quadro a seguir.

Quadro 3.2 – Simuladores educacionais

Tipo	Breve descrição
Simulações físicas	São simulações nas quais o usuário pode manipular os parâmetros de simulação em um cenário aberto, observando consequências/resultados.
Simulações iterativas	A palavra *iteração* tem relação com "repetir". Simulações iterativas são aquelas nas quais os usuários executam a simulação repetidas vezes, alterando em cada uma delas algum parâmetro desejado.
Simulações processuais	Trata-se de simulações mais voltadas à "imitação" de procedimentos do mundo real, não de fenômenos. Seria como focar a simulação, por exemplo, na manipulação das vidrarias em um laboratório virtual de química em vez de focar nas reações químicas.
Simulações situacionais	São aquelas que buscam simular o comportamento humano como um todo, envolvendo desde propriamente a simulação até um contexto interpretativo ao usuário (como se ele próprio estivesse participando como um personagem dentro da simulação).

Fonte: Elaborado com base em Lunce, 2006.

No ensino de Física, os simuladores possibilitam que os estudantes realizem experimentos, verificando hipóteses de fenômenos da natureza e as relações de causa e efeito.

Além de conhecer os simuladores disponíveis para serem utilizados no ensino e na aprendizagem de Física, é fundamental que o professor estabeleça determinada metodologia para utilização desses recursos. No quadro a seguir, apresentamos uma sugestão encontrada na literatura.

Quadro 3.3 – Modelo de sugestão de sequência didática para simuladores

Passo	Breve descrição
1	Definir bem o problema a ser simulado (qual conceito)
2	Defninir bem o modelo a ser implementado (qual simulador)
3	Listar as características do ambiente computacional a ser empregado
4	Elencar as características do problema que podem facilitar a análise do modelo
5	Examinar os parâmetros iniciais e as condições restritivas
6	Encontrando alguma discrepância, voltar ao Passo 3 e repetir os passos subsequentes

(continua)

(Quadro 3.3 – conclusão)

Passo	Breve descrição
7	Executar a atividade (implementação computacional)
8	Analisar os resultados
9	No caso de discrepâncias, analisar o modelo, os dados iniciais e as restrições para, então, se possível, executar novamente a sequência

Fonte: Elaborado com base em Silva; Abreu, 2020.

3.3 Objetos de aprendizagem

Como temos afirmado reiteradamente, as TDs, por si só, não garantem melhoria no ensino. As pesquisas na área têm mostrado bons resultados quando o aluno se torna o protagonista na aprendizagem por meio da utilização de TDs, com o professor fazendo a mediação no processo.

Entre as opções de utilização de tecnologias em sala de aula, o professor pode fazer uso dos OAs. Eles são uma opção para viabilizar processos apoiadores à aprendizagem, uma vez que buscam promover integração do conteúdo estudado. Esses processos são desenvolvidos pelos alunos, apontando mudanças na maneira de o professor agir didaticamente. Os OAs ficam disponíveis em repositórios gratuitos e são recursos sobre conteúdos específicos que podem ser utilizados e reutilizados por professores.

Os OAs são "qualquer recurso virtual multimídia, que pode ser usado e reutilizado com o intuito de dar suporte a aprendizagem de um conteúdo específico, por meio de atividade interativa, apresentada na forma de animação ou simulação" (Kalinke; Balbino, 2016, p. 25).

Alguns repositórios de OAs podem contribuir com professores para escolher recursos apropriados para suas aulas. Os repositórios apresentam OAs variados, normalmente agrupados por conteúdo ou disciplina, o que facilita a busca.

O professor que deseja utilizar OAs em suas aulas precisa escolhê-los apropriadamente. Algo a ser levado em consideração é o tratamento ao erro que esse objeto fornece. É importante que o aluno possa repensar sobre seu equívoco e realizar novas tentativas.

As principais características dos OAs são:

- recurso digital;
- conteúdo específico;
- possível interatividade;
- possibilidade de ser reutilizado em diferentes contextos.

Os OAs podem ser utilizados com lousas digitais interativas, que também permitem interatividade em sala de aula. Elas podem ser utilizadas para simular situações, produzir animações e melhorar a visualização de figuras.

Promovida e distribuída às escolas públicas pelo governo federal, por meio do Ministério de Educação e

Cultura (MEC) e do Fundo Nacional de Desenvolvimento da Educação (FNDE), apresentam possibilidades de metodologias diferenciadas, tornando as aulas mais atrativas, dinâmicas e interativas.

As lousas digitais oportunizam a interatividade, uma vez que têm:

> as mesmas funcionalidades que um projetor comum, que reproduz vídeos, apresentações, animações, simulações, músicas, imagens e acesso à internet. No entanto, podemos destacar o seu diferencial, que é a sua utilização como instrumento interativo, que por meio do contato tátil ou de uma caneta que vem junto com o equipamento, possibilita a interatividade entre pessoas e máquina. (Diniz, 2015, p. 32)

Para navegar mais

Acesse diferentes repositórios de OAs, como o Núcleo de Desenvolvimento de Objetos de Aprendizagem Significativa (NOAS), selecionando recursos direcionados para o ensino de Física.

CNEC NOAS. **Física**: aplicativos de física para o ensino médio. Disponível em: <https://www.noas.com.br/ensino-medio/fisica/>. Acesso em: 25 jul. 2023.

Também é possível que professores programem seus próprios OAs. Para isso, podem contar com *softwares* de programação visual, como o Scratch. Como se trata de recursos abertos, o professor pode fazer a programação para o contexto que desejar.

Observe, no quadro a seguir, as principais características dos OAs.

Quadro 3.4 – Principais características dos objetos de aprendizagem

Característica	Breve descrição
Reusabilidade	Devem ser reutilizáveis em diferentes contextos de aprendizagem.
Adaptabilidade	Precisam ser adaptáveis a qualquer tipo de ambiente de ensino.
Granularidade	É a "profundidade"' de um OA. Uma maior granularidade indica um OA fundamental, como uma imagem; já uma granularidade pequena pode indicar um conjunto maior, como um *site* na internet.
Acessibilidade	Acesso fácil pela internet, podendo ser usados em vários locais.
Durabilidade	Precisam continuar sendo usáveis, mesmo após mudanças de tecnologias.
Interoperabilidade	Devem funcionar em diferentes tipos de *hardwares*, sistemas operacionais e navegadores de internet.
Metadados	Dados como "título", "autor", "data" ou "assunto", por exemplo.

Fonte: Elaborado com base em Aguiar; Flôres, 2014.

Esses recursos são disponibilizados em repositórios diversos como o PhET (2023). Trata-se de um ambiente virtual voltado especificamente a simulações para o ensino de Matemática e de Ciências da Natureza, o qual reúne mais de 150 simulações interativas e mais de 3 mil planos de aula propostos para serem utilizados em conjunto com as simulações. Foi desenvolvido pela Universidade do Colorado, nos Estados Unidos, e conta com tradução para vários idiomas, entre os quais o português. Assim como ocorre em demais repositórios, o PhET apresenta licença aberta para reutilização de seus OAs.

3.4 Aplicativos

As possibilidades de utilização das TDs em sala de aula evidenciam que o ensino tradicional vem sendo substituído por novas metodologias cujo ponto central é o estudante e seus conteúdos já adquirido por meio de suas vivências.

> A atenção do discente precisa ser estimulada através de aulas lúdicas, que lhe proporcionem algo de novo despertando o interesse e a motivação para aprender. Para este fim, é necessário investir na procura de novas metodologias que auxiliem a prática pedagógica do educando, pois o conhecimento a ser trabalhado deve ser significativo. (Barbosa et al., 2017, p. 2)

Fazer uso de tecnologias no ambiente escolar requer certos artefatos tecnológicos em bom funcionamento. Nem todas as escolas dispõem de laboratórios de informática, lousas digitais, *tablets* ou outros recursos. Em diversas situações, as escolas não oferecem acesso à internet condizente para a realização de atividades on-line. Por isso, outro desafio para implementar práticas pedagógicas permeadas por recursos tecnológicos é adaptar-se às tecnologias disponíveis em seu contexto.

Uma possível solução é aproveitar os recursos fornecidos pelos próprios estudantes. Isso porque as tecnologias móveis representam novas possibilidades dentro da sala de aula, e a mobilidade que elas proporcionam é um diferencial para a rotina de sala de aula.

Reflita on-line

A escola precisa caminhar com as inovações da sociedade e aproximar-se da realidade do aluno, já que, "de um lado, a escola se torna cada vez mais enfadonha para seus alunos e um espaço de trabalho sem sentido para os docentes. Por outro, a tecnologia está se tornando sedutora, onipresente e acessível fora das paredes da escola" (Brandão; Vargas, 2016, p. 41).

As tecnologias móveis estão presentes no ambiente escolar e podem ser aproveitadas como instrumentos de ensino e de aprendizagem. Atualmente, o *smartphone* faz parte do cotidiano do aluno, e utilizá-lo em sala de aula pode ser, além de desafiador, uma forma de aproximar o aluno da escola. Mesmo com leis que que proíbem sua utilização para fins não pedagógicos, jovens permanecem conectados e utilizando seus *smartphones*.

A escola precisa buscar novas formas de viabilizar a aprendizagem por meio das tecnologias disponíveis. E usando o *smartphone*, o professor pode desenvolver estratégias para aproveitar esse recurso importante na vida dos alunos como ferramenta de ensino e aprendizagem.

Para Ferreira e Mattos (2015), a comunicação móvel tem harmonia com o modo de ser e de se desenvolver dos jovens, e a escola precisa aproximar o mundo do aluno com o universo da escola. Borba e Lacerda (2015) consideram que não há mais razão para se discutir a presença de *smartphones* nas escolas; afinal eles já estão lá. Sabemos que esse recurso não é uma ferramenta pedagógica, mas pode ser inserida no contexto escolar em razão das vantagens que apresenta, como o uso de internet.

O *smartphone* pode ser usado como câmera, calculadora, recurso para anotações, entre outras possibilidades. Uma forma de promover benefícios para o ensino de Física é a partir do uso de aplicativos. Nesse sentido, os *smartphones* podem ser considerados laboratórios portáteis, que permitem simulações e animações. É uma excelente alternativa para escolas que não dispõem de laboratórios.

> Pensando nestes problemas, conteúdos abstratos e dificuldades da realização de aulas práticas, uma alternativa que se apresenta viável para amenizar em grande parte tais problemas é a simulação virtual com o uso do smartphone [...] mediante aulas lúdicas onde o aluno tenha um papel ativo no processo de ensino e aprendizagem, enquanto o professor tem a função de facilitador, orientador e provocador de reflexões. (Barbosa et al., 2017, p. 2)

O *smartphone* pode contribuir para que os estudantes tenham mais interesse pela aula. Entretanto, é preciso que o professor, além de adotar metodologias contemporâneas, sempre leve em consideração o contexto do estudante e aborde exemplos que estejam em sintonia com a realidade de cada um, especialmente no ensino de Física, que envolve conceitos abstratos.

> Ao manipular variáveis e parâmetros em uma simulação, o aluno poderá ter uma melhor compreensão sobre as relações de causa e efeito presentes no modelo estudado, experiência esta que não se assemelha ao conhecimento teórico, ou aula prática, nem mesmo ao acúmulo de uma tradição oral. Através da simulação o aprendiz tem ainda a vantagem de explorar modelos mais complexos e em maior número do que se usasse apenas a construção mental. Dessa forma esta ferramenta tem a habilidade de ampliar a capacidade de imaginação e intuição do aluno. (Barbosa et al., 2017, p. 5)

Além de usar diferentes aplicativos gratuitos disponíveis, o professor e o estudante podem criar aplicativos. Para isso, é possível fazer uso de linguagem de programação visual que não exija conhecimentos avançados em programação. É o caso do *software* MIT App Inventor. Nele, por meio de uma programação baseada em blocos de quebra-cabeças, o usuário programa aplicativos que podem ser utilizados em *smartphones* com sistema operacional Android.

Para navegar mais

Conheça alguns aplicativos que podem ser utilizados em aulas de Física, para *smartphones* iOS ou Android:

APPS para educação. **Física**. Disponível em: <https://appseducacao.rbe.mec.pt/category/fisica/>. Acesso em: 25 jul. 2023.

Com relação aos aplicativos existentes, é recomendável que o professor teste-os antes de apresentá-los aos alunos, verificando se o recurso escolhido é gratuito e se tem versões em português.

3.5 Realidades virtual e aumentada

Entre as opções de uso de simuladores para o ensino de Física, destacam-se as práticas de realidade virtual e realidade aumentada.

A **realidade aumentada** corresponde a uma tecnologia que conta com um objeto real, com uma marca de referência que permite a criação de um objeto real. Para isso, é preciso que se tenha uma câmera ou outro dispositivo capaz de transmitir a imagem do objeto real. Também é necessário um *software* que interprete o sinal transmitido.

Figura 3.2 – Exemplo de realidade aumentada

Gorodenkoff/Shutterstock

São características da realidade aumentada:

- ambientes imersivos;
- ampliação da abstração;
- visualização de conceitos geométricos;
- interatividade e interação; e
- utilização em *smartphones*.

Já na **realidade virtual**, não há necessidade de um objeto físico. Ela se refere a uma tecnologia de interface entre um usuário e um sistema operacional, que, por meio de recursos gráficos 3D ou imagens 360°, cria a sensação de presença em um ambiente virtual.

Figura 3.3 – Exemplo de realidade virtual

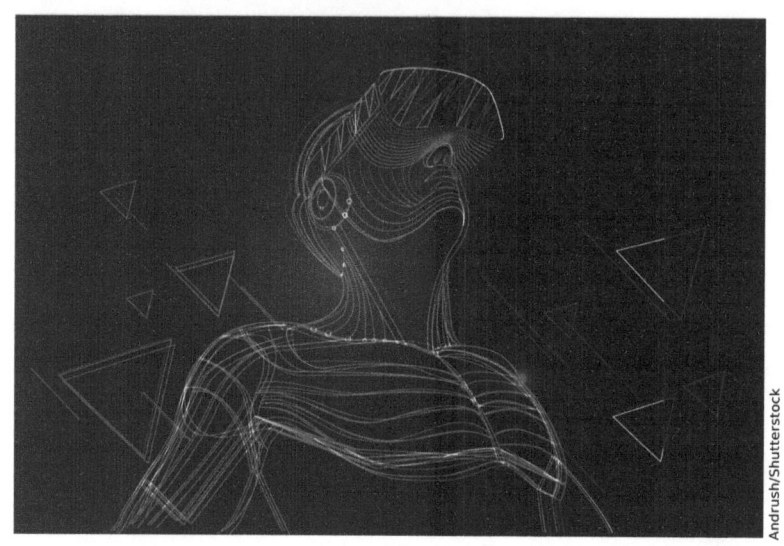

Andrush/Shutterstock

Há poucos *softwares* de realidade virtual disponíveis para o ensino de Física. Existem os laboratórios virtuais, que simulam um laboratório físico, mas que normalmente não contam com recursos de projeção tridimensional com uso de óculos. Para melhorar esse cenário, alguns pesquisadores sobre o ensino de Física vêm elaborando programas que utilizam elementos da realidade virtual.

Para navegar mais

Para ampliar seu conhecimento sobre o tema, leia o artigo indicado a seguir:

SILVA, L. F. et al. Realidade virtual e ferramentas cognitivas usadas como auxílio para o ensino de Física. **Novas Tecnologias na Educação**, v. 6, n. 1, jul. 2008. Disponível em: <https://www.seer.ufrgs.br/index.php/renote/article/view/14585/8493>. Acesso em: 25 jul. 2023.

Uma característica importante sobre o uso de realidade virtual é a **aprendizagem imersiva**:

> O *Immersive learning (I-learning)*, também conhecida por aprendizagem imersiva, é a modalidade que compreende os processos de aprendizagem que ocorrem em ambientes virtuais tridimensional (3D), os chamados metaversos criados a partir de diferentes tecnologias digitais capazes de propiciar aprendizagem imersiva, por meio do desenvolvimento de Experiências Ficcionais Virtuais. (Rocha; Joye; Moreira, 2020, p. 13)

A criação de ambientes imersivos tem o suporte de recursos como a plataforma Sandbox, que faz uso de tecnologia Virtual World Framework (VWF). Na plataforma, há espaços virtuais que podem ser editados, usando-se diferentes ferramentas, que possibilitam: importação e armazenamento de modelos tridimensionais; criação de cenários e cenas; inserção de personagens; entre outros.

Para navegar mais

Conheça uma possibilidade de criação de mundo virtual para o ensino de Física com a leitura do artigo indicado a seguir:

FERREIRA, F. C. et al. Argumentação em ambiente de realidade virtual: uma aproximação com futuros professores de Física. **Revista Iberoamericana de Educación a Distancia**, v. 24, n. 1, p. 179-195, 2021. Disponível em: <https://www.redalyc.org/journal/3314/331464460009/331464460009.pdf>. Acesso em: 25 jul. 2023.

Desligando o canal virtual

Refletimos, neste capítulo, sobre a importância da formação docente para atuação como mediador na utilização de TDs. As formações inicial e continuada do professor são fundamentais para que as TDs possam representar inovações nos processos de ensino e aprendizagem. O professor deve participar constantemente de processos formativos para se alinhar com as atualizações tecnológicas.

Apresentamos, aqui, alguns recursos que podem ser utilizados por professores de Física. Além deles, outras tecnologias vêm sendo exploradas em sala de aula, como as redes sociais, as animações e os vídeos.

Os vídeos podem ser úteis para a resolução de exercícios e materiais extras para as aulas. Também é possível utilizar trechos de filmes para contextualizar as aulas de Física. Outra opção é solicitar aos estudantes que dramatizem uma situação que represente um fenômeno a ser estudado. Nesse caso, o professor pode orientá-los a gravar uma situação sobre uma decisão a ser tomada em um dia frio, para depois analisar o vídeo e estudar os conceitos da calorimetria.

Testes high tech

1) O que são *softwares*?
   a) São recursos programados para serem utilizados em aulas de diferentes disciplinas, nos computadores das escolas.
   b) São programas ou serviços para realização de ações nos computadores.
   c) São objetos de aprendizagem para uso exclusivo em *smartphones*.
   d) São simuladores que representam a realidade.
   e) São sinônimos de *hardwares*.

2) O que são objetos de aprendizagem?
   a) São recursos voltados para o suporte da aprendizagem de um conteúdo específico, que podem ser reutilizados em diferentes contextos.
   b) São programas de computadores que não precisam ser utilizados necessariamente em escolas.
   c) São simuladores que representam a realidade.

d) São programas ou serviços para realização de ações nos computadores.

e) São sinônimos de *hardwares*.

3) Analise as afirmativas a seguir e indique com V as verdadeiras e F as falsas.

( ) Realidade virtual é sinônimo de realidade aumentada.

( ) Na realidade virtual, é necessário um objeto físico que é representado a partir de um equipamento tecnológico.

( ) A realidade virtual possibilita que estudantes visitem lugares distantes e conheçam situações que não poderiam ser representadas na sala de aula.

Agora, assinale a alternativa que apresenta a sequência correta:

a) V, V, V.
b) F, F, V.
c) F, V, F.
d) V, F, V.
e) V, V, F.

4) Sobre os objetos de aprendizagem, assinale a única afirmação **falsa**:

a) Eles são abrangentes e devem abordar todo o conteúdo sobre determinado assunto.

b) Podem ser usados em diversos momentos e com várias finalidades.

c) Podem ser construídos pelos alunos e professores.

d) Podem ser encontrados em *sites* gratuitos e abertos.

e) Seu uso tem sido incentivado pelo Ministério da Educação e investigado por vários pesquisadores.

5) Sobre o GeoGebra, assinale a alternativa correta:
   a) É um objeto de aprendizagem.
   b) É um *site* de Matemática.
   c) É um *software* para trabalhar com a Matemática, que, entre outras coisas, possibilita a construção de objetos de aprendizagem.
   d) É uma plataforma para construir OAs.
   e) É um *site* pago.

Práticas digitais

1) Acesse um repositório de OAs e selecione alguns que podem ser explorados por professores de Física. Relacione as principais características dos objetos que você localizou.

2) Busque recursos digitais para conteúdos de mecânica, eletricidade e ondulatória. Você teve facilidade para encontrar *softwares*? Como os professores de Física podem explorar melhor as TDs?

3) Que tal programar um aplicativo para ser utilizado em aulas de Física? Pode ser um *quiz*, uma calculadora de física ou outro que você desejar. Para tanto, consulte a pesquisa a seguir indicada:

OLIVEIRA, J. P. de; MOTTA, M. S. **Desenvolvimento de aplicativos móveis criados no App Inventor 2 sobre as leis de Newton**. 60 f. Dissertação (Mestrado em em Formação Científica, Educacional e Tecnológica) – Universidade Tecnológica Federal do Paraná, Curitiba, 2020. Disponível em: <https://repositorio.utfpr.edu.br/jspui/bitstream/1/4976/1/leisdenewtoninventor2_produto.pdf>. Acesso em:
25 jul. 2023.

4) Elabore uma sequência didática para a utilização de um simulador em uma aula de Física.

Análise de recursos multimídias e *softwares* específicos para o ensino de Física na educação básica

4

Neste capítulo, apresentamos alguns dos desafios na educação ante as novas tecnologias. Consideramos que a utilização de recursos tecnológicos demanda mudanças na conduta do professor e do estudante. Por isso, reunimos aqui algumas sugestões para conduzir as escolhas de recursos tecnológicos no contexto escolar.

Empreenderemos aqui uma reflexão sobre as mudanças na sociedade provocadas pela incorporação de tecnologias digitais (TDs). Além disso, analisaremos como essas mudanças impactam ou não o ambiente escolar. Conforme declaramos nos capítulos anteriores, defendemos que, para que as mudanças gerem benefícios pedagógicos, é preciso que o professor esteja atento às especificidades de cada tecnologia. Afinal, o uso indevido de TDs na escola pode até mesmo atrapalhar o processo de aprendizagem. Por essa razão, é crucial que o professor tenha conhecimento para selecionar os recursos com maior potencial para auxiliar nos processos pedagógicos. Como fazer essa escolha? Como variar em TDs para que elas possam transformar o ensino? Para responder a essas e a outras questões correlatas, destacaremos alguns tópicos importantes relacionados à análise de recursos multimídias e *softwares* específicos para o ensino de Física na educação básica.

Esperamos que a leitura do capítulo permita a você analisar recursos digitais aplicando critérios ergonômicos e pedagógicos. Além disso, desejamos que reflita sobre a utilização de *softwares*, aplicativos e objetos de aprendizagem (OAs) que contenham características apropriadas para cada objetivo de ensino.

4.1 Teorias de aprendizagem e tecnologias

Durante a pandemia de covid-19, aconteceram aulas remotas na educação básica no Brasil. Muitos professores, que nunca tinham utilizado TDs, viram-se obrigados a adotá-las para dar continuidade ao processo de ensino. Muitos deles jamais haviam refletido sobre o uso dessas tecnologias e não sabiam que escolhas deveriam fazer ou que características deveriam procurar em um *software*.

Essa situação nos leva a inferir que é fundamental que o professor saiba o que deve buscar ao escolher um recurso digital para sua sala de aula. Afinal, o objetivo da inserção desses recursos não deve ser o de divertir os estudantes, mas sim possibilitar que eles aprendam a partir do protagonismo estudantil.

Por isso, ao procurar as TDs para a sala de aula, o professor deve verificar qual teoria de aprendizagem está vinculada à tecnologia escolhida. Por exemplo, um tutorial em vídeo não considera a importância de o estudante participar ativamente, já que ele ficará sentado assistindo ao vídeo. Em alguns momentos, esse tipo de recurso pode oferecer benefícios, mas não quando a participação efetiva do estudante é essencial para sua aprendizagem.

Já um recurso que demanda a participação constante do aluno, como um *software* de programação de aplicativo, alinha-se ao entendimento de que o aprendizado acontece quando o estudante produz. Nesse sentido, a teoria de aprendizagem subjacente a esse tipo de TD possivelmente seja mais contemporânea, como o construtivismo ou a metodologia ativa.

Uma possibilidade de uso de TDs é a metodologia pautada na **teoria de aprendizagem significativa**, proposta por David Paul Ausubel (1918-2008) – importante psicólogo norte-americano que se dedicou à investigação de métodos de aprendizado.

Segundo essa proposta, os novos conhecimentos que o indivíduo adquire são relacionados com o conhecimento prévio de determinado assunto. Para Motta (2008, p. 97), ela "acontece quando novas informações e ideias entram em interação com conceitos definidos que fazem parte da estrutura cognitiva do estudante".

O processo de aprendizagem significativa ocorre com base no que o indivíduo já sabe; ou seja, na aprendizagem significativa, o conhecimento já adquirido interage com o conhecimento novo.

> Aprendizagem significativa é aquela em que ideias expressas simbolicamente interagem de maneira substantiva e não arbitrária com aquilo que o aprendiz já sabe. Substantiva quer dizer não literal, não ao pé da letra, e não arbitrária significa que a interação não é com qualquer ideia prévia, mas sim com algum conhecimento especificamente relevante já existente na estrutura cognitiva do sujeito que aprende. (Moreira, 2012, p. 6)

Desse modo, o conhecimento prévio é o ponto de partida para a concretização da metodologia proposta. Na teoria ausubeliana, esses conhecimentos prévios (também referidos como ideias prévias ou símbolos, proposições, imagens ou modelos mentais preexistentes) são chamados de *subsunçores* ou *ideias-âncora* (Moreira, 2012). Assim, o indivíduo não necessariamente deve ter conceitos já formalizados para alcançar a aprendizagem significativa, mas conhecimentos que ainda podem estar em desenvolvimento:

> Em termos simples, subsunçor é o nome que se dá a um conhecimento específico, existente na estrutura de conhecimentos do indivíduo, que permite dar significado a um novo conhecimento que lhe é apresentado ou por ele descoberto. Tanto por recepção como por descobrimento, a atribuição de significados a novos conhecimentos depende da existência de conhecimentos prévios especificamente relevantes e da interação com eles. (Moreira, 2012, p. 6)

A aprendizagem significativa demanda alguns requisitos. Um deles é que o conhecimento a ser aprendido seja interessante para o aprendiz ou tenha significado para ele. A segunda condição é que o estudante se mostre propenso a relacionar os conhecimentos prévios com o novo aprendizado.

A aprendizagem significativa pressupõe que: a) o material a ser aprendido seja potencialmente significativo para o aprendiz, ou seja, relacionável a sua estrutura de conhecimento de forma não arbitrária e não literal (substantiva); b) o aprendiz manifeste uma disposição de relacionar o novo material de maneira substantiva e não arbitrária a sua estrutura cognitiva. (Moreira; Masini, 1982, p. 23)

Uma das formas de avaliar e proporcionar aprendizagem significativa é com o uso de mapas conceituais.

Os **mapas conceituais** são uma técnica desenvolvida na década de 1970 por Joseph Novak e colaboradores, nos Estados Unidos, na Universidade de Cornell. Reúne diagramas ou ferramentas gráficas que representam visualmente as relações entre conceitos. Normalmente, são formados com caixas ou círculos estruturados hierarquicamente e conectados com linhas ou setas. As linhas são rotuladas com palavras e frases de ligação que ajudam a explicar as conexões entre os conceitos.

Motta (2012, p. 103) define *mapa conceitual* como uma "ferramenta estratégica para organizar e representar de forma hierárquica o conhecimento".

> Toda construção adquirida de uma área ou de objetos consiste de uma construção de conceitos que, de forma hierárquica e sistematizada, dispõe-se em nossa estrutura de conhecimento. Esses conceitos estão ligados entre si, formando proposições distintas para cada indivíduo, que podem ser simbolizadas através de um mapa de conceitos, ou mapa conceitual. (Motta, 2012, p. 103)

A estrutura desses mapas segue uma hierarquia, incluindo setas para relacionar conceitos. Motta (2012, p. 104) menciona que "a principal característica de um mapa conceitual é a forma como é construído". O estudante que elabora mapas conceituais deve respeitar determinado procedimento no momento de relacionar conceitos, usando preposições adequadas. Essas preposições são formadas por verbos de ligação.

Assim, é muito importante que o professor auxilie os estudantes a desenvolver seus mapas conceituais.

Uma forma de usar os mapas para avaliar a aprendizagem significativa é solicitar aos estudantes que produzam mapas conceituais antes e depois da aplicação de uma sequência didática. Assim, torna-se possível verificar se houve ampliação do vocabulário, das compreensões e das conexões entre os conceitos.

As tecnologias possibilitaram aos professores fazer uso de novas abordagens de ensino. O Logo, por exemplo, permitiu que o professor utilizasse a abordagem construcionista, por meio de um ciclo sugerido pelo pesquisador José Armando Valente.

Esse ciclo propõe que o estudante atente para um **processo de descrição-execução-reflexão--depuração-descrição**. Por meio do ciclo, o erro do estudante o leva a refletir sobre tal desvio e a corrigi-lo, sendo utilizado como relevante ferramenta de aprendizagem.

Criaram-se conceitos diversos para estabelecer as relações do computador com o ser humano. Um exemplo é o **conceito de seres-humanos-com-mídia** indicado por Borba, Silva e Gadanidis (2016). Esse conceito sugere que sempre estamos conectados a determinada tecnologia para desenvolver o conhecimento.

Algumas possibilidades merecem destaque diante desses contextos: a educação a distância, a mobilidade tecnológico-educacional e a *performance* matemática digital.

A **educação a distância** (EaD) visa democratizar a educação, indo ao encontro de estudantes nas mais variadas localidades. Além disso, a EaD possibilita que a gestão do tempo para estudo seja realizada pelo próprio discente, o que rompe com barreiras de tempo e espaço.

Por fim, temos de mencionar a **teoria epistemológica** de Jean Piaget, que serviu de base para a abordagem construcionista do uso do computador. Nessa perspectiva, o aluno é o autor do processo de aprendizagem e constrói a aprendizagem. De acordo com Kalinke (2003, p. 64), em ambientes construtivistas de aprendizagem, "os alunos possuem mais responsabilidades sobre o gerenciamento de suas tarefas e o seu papel no processo é de colaborador ativo". Dessa forma, o professor deixa de ser o detentor e repassador de conhecimentos para se tornar um mediador.

Culturalmente, compete ao professor transmitir o conhecimento. A sociedade ainda cultiva a ideia de que, na escola, o professor que "ensinará" o aluno. Esse peso da responsabilização pode ser um impeditivo da aplicação das tecnologias em sala de aula. A inovação e a quebra de paradigmas causam desconforto e insegurança. A escola deve construir a aprendizagem em parceria com a comunidade escolar, formada por docentes, discentes e pais/responsáveis; todos esses agentes precisam estar cientes de que novas práticas serão introduzidas, modificando os papéis nos processos de ensino e aprendizagem. Nesse contexto, considerar teorias de aprendizagem que apresentem modificações nesses papéis pode repercutir em boas práticas de uso das TDs.

4.2 Ergonomia

A seleção de um recurso digital tem de contemplar também a análise de ergonomia, a qual envolve: segurança, efetividade e adequação do trabalho às particularidades do indivíduo.

Para Rocha (2018, p. 67), "no caso de técnicas ergonômicas aplicadas às TD, elas se referem ao diálogo homem-máquina, de modo a propiciar otimização do desempenho da atividade tecnológica por parte do usuário".

Imagine que um professor levará estudantes ao laboratório de informática para usar um *software* sobre mecânica. Ao acessar o programa, ocorre uma demora de alguns minutos para o sistema ser carregado. Depois, acontecem vários erros no momento da manipulação pelos alunos, além de ser muito difícil de compreender como operar o *software*. Logo, a ergonomia desse *software* não está adequada ao trabalho, já que sua efetividade está comprometida.

São indícios de que certo recurso digital não apresenta boa ergonomia: falhas; erros de escrita ou descrição; difícil manipulação; pouca legibilidade; e falta de documentação.

Essas características dificultam o trabalho do professor. A documentação, por exemplo, auxilia o professor a saber do que se trata o recurso digital e de como ele funciona.

4.3 Critérios para análise de recurso digital

Professores que pretendem utilizar TDs em sala de aula precisam adotar alguns critérios para escolher aquelas que tenham boa ergonomia e estejam alinhadas com os objetivos de ensino e as concepções de aprendizagem docentes.

Reiteremos a importância de que o professor verifique as condições ergonômicas do recurso que deseja utilizar.

A ergonomia de um *site*, de um *software* ou de um OA está relacionada a critérios de documentação, navegabilidade e legibilidade. Em um recurso tecnicamente apropriado, a aprendizagem será o real foco da utilização. Para Kalinke (2003), a ergonomia tem a preocupação de não desgastar o usuário com aspectos técnicos e de navegação, contribuindo assim com a aprendizagem.

Para explicar o parâmetro de ergonomia, apresentamos, no quadro a seguir, o detalhamento dos critérios a serem considerados na escolha de recursos.

Quadro 4.1 – Critérios ergonômicos

Critério	Características
Documentação	Disponibilização adequada de regras, normas e orientações para docentes e discentes. São exemplos os manuais de utilização ou os mapas de *sites*.
Legibilidade	Linguagem clara, condizente com a faixa etária a que se destina, sem erros de ortografia, com fontes em cores e tamanhos adequados. A presença de figuras e ícones deve estar intercalada com texto, visando melhor compreensão para o usuário.
Navegabilidade	Possibilidade de exploração livre ao usuário de acordo com seus interesses. Devem ser demandados poucos cliques, com vistas a diminuir a necessidade de um trabalho cujo foco não seja, de fato, a aprendizagem. O usuário deve ter opções de pausar, finalizar ou retomar as atividades em qualquer tempo, sem nenhum tipo de prejuízos.

Fonte: Elaborado com base em Kalinke, 2003.

Esses critérios podem auxiliar docentes na escolha da TD conveniente para suas aulas. Mais uma vez, contudo, destacamos que a ação do professor é que garantirá que a aula aconteça de forma inovadora. Nenhuma tecnologia, por mais moderna e propícia que seja, garante sucesso de aprendizagem.

Primeiramente, o professor deve analisar o recurso digital a ser utilizado com base em critérios ergonômicos. Kalinke (2003) sugere três:

1. Legibilidade: linguagem adequada, compreensível correta.
2. Documentação: manuais para utilização, metadados.
3. Navegabilidade: transição entre telas, fluidez.

A **legibilidade** se refere à capacidade de um recurso de ser legível ao estudante. Suponha que o professor seleciona um jogo para ensinar ondulatória. Ele deve, então, observar se a linguagem é correta, se obedece às normas da língua, se adota termos adequados aos estudantes do ensino médio, evitando o uso de expressões demasiadamente infantilizadas.

Com relação à **documentação**, é preciso verificar se o recurso tem descrição adequada, que possibilite identificar se ele é gratuito e se é direcionado para uma série específica. Nesse sentido, é importante que o recurso tenha um manual para utilização, mesmo que sintético. Além disso, o recurso deve contar com metadados para identificação de quem o produziu.

Já a **navegabilidade** é a possibilidade de o recurso ser explorado sem que ocorram falhas técnicas. O estudante deve poder transitar entre telas, retornar sem que haja prejuízo do que já havia feito ou produzido. Balbino (2016) menciona a possibilidade de os estudantes e professores escolherem livremente as atividades a serem desenvolvidas e a facilidade para pausar, finalizar ou reinicializar o programa, sem prejuízo de continuidade.

Kalinke (2003) também defende que uma TD seja analisada com base em critérios construtivistas, para a verificação de que o recurso possibilitará o protagonismo do estudante no momento de utilização. Isso porque:

> A tecnologia é mais poderosa, quando utilizada com abordagens construtivistas de ensino, que enfatizam mais a solução de problemas, o desenvolvimento de conceitos e o raciocínio crítico do que a simples aquisição de conhecimento factual. (Diniz, 2001, p. 7)

Os aspectos construtivistas estabelecidos por Kalinke (2003) podem ser observados em diferentes recursos digitais. O autor pontua quatro aspectos relacionados a possibilidades construtivistas:

1. Interação do aluno com o professor, dos alunos entre si e do aluno com o computador.
2. Tratamento dado ao erro, fornecendo possibilidades de novas abordagens.

3. Dinamismo do ambiente.
4. Disponibilidade de ferramentas que possibilitem modelagens, simulações ou inovações.

Esses aspectos podem ser verificados pelo docente que deseja fazer uso de um recurso com tendências construtivistas de ensino.

A interatividade se refere à relação entre o usuário e o recurso digital. Rocha (2018, p. 59) explica que, diante de um recurso digital, "para que haja interatividade[,] ele deve permitir ações inteligentes por parte do aluno. O estudante deve fazer escolhas, manusear objetos, digitar respostas e demais ações que demandem uma determinada reflexão". A interatividade é fundamental para que o estudante desenvolva protagonismo no momento de utilizar um recurso digital.

> Para que um OA possibilite a interatividade, ele deve permitir, por exemplo, ações de movimentar ou arrastar. Essa ação pode ser feita por uso do mouse, da caneta ou dos dedos (no caso da lousa digital/*tablet*). A interatividade proporciona que o aluno interaja com o conteúdo por meio de ações sobre o OA acarretando em um maior envolvimento do aluno com a atividade proposta. (Balbino, 2016, p. 86)

Além de propiciar interatividade, para que seja considerado construtivista, um recurso digital deve oferecer algum tipo de tratamento ao erro do estudante. Rocha (2018, p. 61) menciona que "tratamento dado ao erro é uma característica bastante marcante para a visão construtivista. O erro deve permitir novas abordagens aos alunos, para que possam fazer novas relações com o conteúdo". Assim, um recurso deve oferecer possibilidades de o estudante retomar o conteúdo.

Com relação ao dinamismo, um recurso digital é dinâmico quando "apresenta movimento, através de imagens, sons, animações ou textos que não permanecem estáticos. Assim, trocas de telas, de personagens ou mesmo de cores podem contribuir para que aconteça esse dinamismo" (Rocha, 2018, p. 63). Um ambiente dinâmico favorece o comprometimento do estudante com o uso do recurso digital.

Por fim, há a possibilidade de simulação de um recurso digital. Ele pode simular uma situação real, seja por meio de laboratórios físicos, seja pela presença de contextualização que leve o estudante a simular situações reais de seu cotidiano.

4.4 Análise de objetos de aprendizagem

Considerando os critérios ergonômicos e construtivistas, os professores podem analisar OAs para selecioná-los para as aulas de Física.

A utilização de TD como suporte ao ensino e à aprendizagem requer escolhas por parte dos professores. Escolher convenientemente um OA ou outro recurso digital pode contribuir para que os objetivos pretendidos com o uso de tal TD sejam mais facilmente atingidos.

Kalinke (2003, p. 20), em sua pesquisa sobre *sites* educacionais, destaca "a importância de escolher métodos e procedimentos a adotar, bem como escolher critérios de análise e verificação". O pesquisador aponta que a qualidade de um *site* está intimamente ligada a dois fatores: a teoria epistemológica relacionada e a ergonomia. Outrossim, esses dois fatores são indicadores da qualidade de um OA.

No que se refere às abordagens de utilização de TD, a teoria construtivista apresenta uma alternativa para utilização de OA. Souza (2006, p. 42) entende que "a abordagem construtivista é a que tem gerado mais benefícios e a que melhor contextualiza e aproveita os recursos tecnológicos para os processos de ensino e aprendizagem".

Por outro lado, considerando-se a ergonomia, a aprendizagem será o real foco da utilização de um OA quando tal recurso se apresenta tecnicamente apropriado. Para Kalinke (2003), a ergonomia tem relação com não desgastar o usuário com aspectos técnicos e de navegação, contribuindo diretamente com a aprendizagem. Para tanto, a ergonomia analisa critérios relacionados à usabilidade, à navegabilidade e à legibilidade.

Apresentamos, no Quadro 4.2, uma sugestão de análise de OA. É possível adaptar essa proposta para avaliar outros recursos digitais de aprendizagem. A avaliação a seguir leva em consideração critérios ergonômicos e construtivistas.

Quadro 4.2 – Critérios para análise de projetos do Scratch

Critérios		Sim	Não
Critérios relativos a aspectos construtivistas	O OA possibilita a interatividade?		
	O OA trata o erro como possibilidade de uma nova abordagem da questão?		
	O OA permite a sua manipulação em um ambiente dinâmico?		
	O OA possibilita a simulação?		
Critérios relativos a aspectos ergonômicos	O OA apresenta as orientações de forma clara e concisa?		
	O OA apresenta sugestões para o seu uso no repositório?		
	O OA tem boa navegabilidade?		

Fonte: Rocha, 2018, p. 98-99.

Percebemos que fatores como o tratamento que o recurso dá ao erro do usuário e às condições ergonômicas de uso foram levados em consideração pelos pesquisadores.

4.5 Análise de *softwares* educacionais

Com a popularização dos computadores nos anos 1990, passaram a ser produzidos muitos *softwares* educacionais, voltados para o aprendizado de diferentes conceitos. Imagine a dificuldade que os professores tinham para selecionar apropriadamente um *software* de qualidade para seus estudantes, uma vez que, naquela época, as pessoas ainda não tinham fluência tecnológica.

Diante disso, alguns pesquisadores em educação começaram a estabelecer elementos importantes que deveriam ser considerados no momento de se selecionar um *software* educacional. Rocha (2001) apontava os seguintes elementos a serem considerados pelo professor:

- características pedagógicas;
- facilidade de uso;
- características da interface;
- adaptabilidade;
- portabilidade; e
- retorno do investimento.

Atualmente, algumas características devem ser levadas em consideração no momento de se comprar ou selecionar um *software* educacional gratuito, a saber:

- Possibilidade de criação: aberto ou fechado.
- Nível de aprendizado: sequencial, relacional, criativo.

- Objetivos pedagógicos: tutorial, simulador, recurso de programação, exercício e prática, jogos, laboratório virtual.

A norma ISO/IEC 9126 (ABNT, 2003) apresenta as características de um *software*:

- Funcionalidade: adequação; precisão; interoperabilidade; segurança.
- Confiabilidade: maturidade; tolerância a falhas; recuperabilidade.
- Usabilidade: inteligibilidade; apreensibilidade; operacionalidade; atratividade.
- Eficiência: comportamento em relação ao tempo; utilização de recursos.
- Manutenibilidade: analisabilidade; modificabilidade; estabilidade; testabilidade.
- Portabilidade: adaptabilidade; capacidade para ser instalado; coexistência; capacidade para substituir.

A avaliação de um *software* educacional para o ensino de Física abrange três dimensões, quais sejam:

1. avaliação do conteúdo curricular;
2. avaliação técnica; e
3. avaliação pedagógica.

A **avaliação do conteúdo** deve ser realizada pelo professor da disciplina a fim de se certificar de que o *software* não contém erros conceituais. A **avaliação técnica** pode ser feita por uma equipe multidisciplinar, preferencialmente com a presença de técnicos. A **avaliação pedagógica** deve ser empreendida em conjunto pelo professor e pela equipe pedagógica da escola.

A escolha de *softwares* adequados também favorece a concretização da aprendizagem. Para Brito e Purificação (2015), um "*software* é considerado educacional quando é desenvolvido para atender a objetivos educacionais preestabelecidos". As autoras relacionam a qualidade técnica necessárias às determinações pedagógicas da utilização e apresentam uma classificação para esses *softwares*, pautadas nas pesquisas que realizaram; seus achados estão registrados no quadro a seguir.

Quadro 4.3 – Classificação de *softwares* educacionais

Tipo	Breve descrição
Softwares de exercício e prática	Atividades em meio eletrônico que possibilitam aos alunos resolver problemas e exercícios sobre determinado conteúdo. Apresentam como vantagem a correção do erro de forma instantânea.
Softwares tutoriais	Instruções informativas aos estudantes seguidas de questionários avaliativos. São criticados pela forma mais entediante em que os conteúdos são apresentados e indicados em caso de estudantes com muita dificuldade de aprendizagem, para que acessem informações repetidas vezes.

(continua)

(Quadro 4.3 - conclusão)

Tipo	Breve descrição
Softwares tutores inteligentes	Conteúdos expostos de modo não linear. Possibilitam ao estudante decidir o caminho a percorrer no *software*, explorando atividades, conteúdos e simulações.
Softwares simuladores	Modelos e processos disponíveis para simular situações. Permitem que o estudante explore uma ferramenta digital para visualizar situações que não seriam tão facilmente verificadas no ambiente físico. São destaques nesse tipo de programa, os *softwares* de geometria dinâmica, os que simulam situações físicas e químicas, além de projeções de cidades.
Jogos educativos	Regras lógicas para resolução de problemas. Podem explorar diversas habilidades cognitivas, abordando conteúdos ou simplesmente exigindo raciocínio lógico e estrutural.

Fonte: Elaborado com base em Brito; Purificação, 2015.

Para escolher *softwares* ou OAs, o professor pode contar com recursos de avaliação já estabelecidos por pesquisadores, como os apresentados neste capítulo. Kalinke (2003), por exemplo, elenca critérios para que o professor verifique quais *sites* possibilitam abordagens construtivistas de ensino e apresentam qualidade ergonômica.

Para auxiliar os professores na escolha apropriada de tecnologias e garantir o funcionamento dos artefatos tecnológicos, conforme a realidade da escola, a equipe pedagógica e o gestor escolar precisam estar envolvidos nas estratégias de inserção de tecnologias.

Em muitos casos, as secretarias municipais e estaduais oferecem serviços de manutenção e de treinamento aos professores com relação aos laboratórios de informática. No entanto, para que esses serviços sejam solicitados, a comunidade escolar precisa conhecer a fundo seus direitos perante os órgãos públicos. Daí a importância de um envolvimento da gestão escolar nas estratégias de utilização de TD.

É aconselhável proceder a uma avaliação da comunidade em que a escola está inserida quanto ao uso de tecnologia em sala de aula. Reuniões com o conselho da escola e com os pais/responsáveis são fundamentais para redefinir as estratégias e para que a utilização de TD não prejudique a relação família-escola.

Nesse sentido, a equipe pedagógica e a direção escolar podem conduzir diálogos com os pais, que muitas vezes são contrários à utilização de tecnologias. Essas equipes também podem analisar situações que demandem atenção específica. Os professores e a comunidade escolar devem se manter atentos a situações de risco que envolvem o uso da internet; afinal, o acompanhamento cuidadoso dos acessos feitos por crianças e adolescentes não é responsabilidade somente dos pais.

Entre essas situações, figuram o *cyberbullying*, abusos de crianças e adolescentes na internet, exploração de imagens e consumo e compartilhamento de conteúdo inverídico.

O *cyberbullying* consiste em atos de assédio virtual. São casos de agressão em ambientes virtuais a determinada vítima, que se propagam por meio de mensagens, imagens ou vídeos. A rapidez da propagação agrava a violência sofrida pela vítima.

Os abusos podem ocorrer a partir de diálogos falsos nas redes sociais e normalmente envolvem adultos que se passam por crianças para atrair as vítimas. *Grooming* é o termo utilizado para identificar essas estratégias.

A exploração de imagens ou vídeos também requer cuidado por parte da escola. Fotografias disponibilizadas indevidamente na internet podem ser alvo de utilização criminosa, inclusive com produções artificiais que alteram partes dessas imagens. Disponibilizar imagens que mostrem dados de endereço, de rotina ou de bens pessoais também pode colocar a criança em uma situação de risco.

Outro ponto de cuidado é a exposição a informações incorretas ou falsas disponibilizadas na mídia. Diante delas, o estudante precisa desenvolver habilidades para identificar fontes confiáveis.

Além da escolha apropriada das fontes, o estudante deve ser orientado a respeito de plágio. Para Brito e Purificação (2015), uma das formas de se evitar cópias da internet é alterar a forma de solicitação de trabalhos. Segundo as autoras, os professores devem incentivar os estudantes a participar do processo de busca de informações, trocando experiências e produzindo relatórios.

Perante esses problemas em potencial, palestras que conscientizem pais e estudantes com relação a uma utilização proveitosa e segura das tecnologias podem ser propostas no ambiente escolar. É preciso lembrar que a escola deve priorizar uma formação integral do estudante, e isso inclui realizar esclarecimentos sobre uma utilização cidadã das tecnologias.

Muitos brasileiros ainda não têm acesso à internet, e o ambiente escolar pode contribuir para que ocorra a inclusão digital dessas pessoas. Todavia, a utilização exagerada de aparatos pode representar problemas graves até mesmo ao meio ambiente.

Não obstante, convém arrolar as contribuições das novas tecnologias para a sociedade:

- acesso à informação;
- maior facilidade à ciência dos direitos do cidadão;
- ampliação das possibilidades de desenvolvimento e participação em projetos sociais;
- aprimoramento da educação;
- acesso facilitado a serviços variados.

A escola precisa se posicionar com relação às tecnologias:

> A comunidade escolar se depara com três caminhos a seguir em sua relação com as tecnologias: repeli-las e tentar ficar fora do processo; apropriar-se da técnica e transformar a vida em uma corrida atrás do novo; ou apoderar-se dos processos, desenvolvendo habilidades que permitam o controle das tecnologias e de seus efeitos. (Brito; Purificação, 2015, p. 25)

Brito e Purificação (2015, p. 25) defendem como acertada a terceira opção, indicando que a escola esteja preocupada com a formação integral do cidadão, de modo a torná-lo apto a "criar, planejar e interferir na sociedade". As autoras ainda alertam que esse cidadão atuará em um mundo em constante transformação, mais condizente com a não linearidade da internet.

Os desafios educacionais diante de novas tecnologias são variados e se alteram constantemente com as evoluções tecnológicas e científicas. A comunidade escolar precisa estar atenta, buscando formação e informação para superar esses desafios e aproveitar as TDs a favor da aprendizagem. As novas tecnologias podem contribuir com o preparo de cidadãos com capacidade de tomada de decisões e atuação significativa nos diversos âmbitos da sociedade.

Para navegar mais

Leia a pesquisa indicada a seguir, na qual o autor apresenta a importância de se desenvolver um olhar atento para os simuladores no ensino de Física e incluir uma teoria de aprendizagem na utilização desses instrumentos.

SOUZA FILHO, G. F. **Simuladores computacionais para o ensino de Física básica**: uma discussão sobre produção e uso. 77 f. Dissertação (Mestrado em Ensino de Física) – Universidade Federal do Rio de Janeiro, Rio de Janeiro, 2010. Disponível em: <https://www.if.ufrj.br/~pef/producao_academica/dissertacoes/2010_Geraldo_Felipe/dissertacao_Geraldo_Felipe.pdf>. Acesso em: 25 jul. 2023.

Analise recursos que tenham sido produzidos no *software* Scratch. Para tanto, utilize a opção de busca para selecionar recursos que contenham algum conceito de Física, como velocidade, calor, ondulatória ou outros.

SCRATCH. Disponível em: <https://scratch.mit.edu/>. Acesso em: 25 jul. 2023.

Desligando o canal virtual

Neste capítulo, apresentamos diferentes critérios que podem ser considerados no momento de selecionar um recurso digital para aulas de Física.

Verificamos que a simples inserção de tecnologias na sala de aula não garante que mudanças significativas aconteçam. Faz-se necessário remodelar os papéis docentes e discentes nos processos de ensino e de aprendizagem. Também são necessários critérios para que os professores façam a seleção dos recursos digitais a serem utilizados em sala de aula.

Algumas questões importantes podem auxiliar o docente a diminuir sua resistência diante das novas tecnologias:

- formação inicial e continuada que o instrumentalize para utilização e escolha apropriada de tecnologias;
- contato com variados *softwares* e repositórios de objetos de aprendizagem bem como com critérios para análises desses recursos;
- consciência de que a verdadeira alteração proporcionada pelas TDs depende de seu papel como mediador.

Com relação ao papel do estudante, destacamos:

- como nativo digital, o estudante exige que novos desafios sejam ofertados, explorando suas habilidades múltiplas;
- o trabalho em equipe deve ser priorizado;
- seu papel na aprendizagem deve ser ativo, por meio de interação e interatividade;
- deve ser estimulado o pensamento computacional, que leva o aluno a desenvolver novas habilidades.

Por fim, expusemos que a escola, com seus gestores e equipes pedagógicas, pode incentivar professores e garantir as melhores condições possíveis para que as TDs sejam exploradas. Cabe à escola conscientizar a comunidade sobre o uso adequado de novas tecnologias, condizente com o que se espera dos cidadãos que ela está formando.

Finalizamos com algumas dicas:

- As TDs têm especificidades que precisam ser consideradas pelo professor de Física.
- O professor deve escolher um recurso considerando uma teoria de aprendizagem.
- É preciso verificar a funcionalidade do recurso antes do uso em sala de aula.

Testes high tech

1) Uma das formas de o professor escolher *softwares* e demais recursos tecnológicos para suas aulas é adotar critérios apropriados que o auxiliem nessa escolha. Sobre critérios construtivistas e ergonômicos que podem ser adotados pelo docente, analise as afirmativas a seguir.

    I) A ergonomia de um recurso tecnológico está relacionada a opções de tratamento ao erro do aluno que esse recurso apresentará.

    II) A navegabilidade deve ser adequada para que o usuário destine sua atenção à aprendizagem.

III) Como aspecto construtivista, é importante que um recurso digital forneça ao usuário opções de interação e interatividade.

IV) A adequação da linguagem do recurso com a faixa etária que o utilizará é um fator que deve ser levado em conta como critério ergonômico.

V) O principal critério construtivista está relacionado com a existência de manuais para consulta pelo professor.

São corretos apenas os itens:

a) I, II e III.
b) II, III e IV.
c) II, IV e V.
d) I, IV e V.
e) I, II, III e IV.

2) Os *softwares* educacionais podem ser divididos em categorias. Assinale a alternativa que apresenta as características dos *softwares* tutores inteligentes:

a) São aqueles que apresentam os conteúdos de modo não linear, possibilitando aos estudantes escolher e definir suas atividades.
b) São aqueles em formato de jogos digitais, com regras estabelecidas e que levam o estudante a resolver problemas.
c) São tutoriais com informações específicas que são apresentadas ao estudante. Após a instrução, o estudante é avaliado por meio de questionários.

d) São atividades que testam o conhecimento a respeito de determinado conteúdo.

e) São aqueles que possibilitam a simulação de situações cotidianas, de fenômenos.

3) Sobre os cuidados a serem observados pela escola sobre a utilização da internet pelos estudantes, assinale a alternativa correta:

a) Cabe exclusivamente à família a responsabilidade de conscientizar seus filhos sobre os perigos que a internet representa.

b) *Cyberbullying* é um termo que indica os variados comércios que são realizados nos ambientes virtuais.

c) O termo *grooming* se refere às estratégias utilizadas por adultos na internet para se aproximar de crianças, valendo-se de falsos diálogos, com intenção de cometer abusos.

d) Disponibilizar na internet informações corretas de endereço e rotinas escolares são meios de garantir a segurança dos estudantes.

e) O plágio pode ser evitado, solicitando-se que trabalhos teóricos sejam feitos individualmente.

4) Para escolher um OA, quais são os critérios construtivistas que podem ser utilizados?

a) Ergonomia, dinamismo e navegabilidade.

b) Navegabilidade e documentação.

c) Interatividade, isenção de plágio e individualidade.

d) Simulações e navegabilidade.

e) Interatividade, simulação, dinamismo e tratamento ao erro.

5) Relacione os critérios ergonômicos que podem ser utilizados na escolha de um recurso digital a suas características:

(1) Legibilidade

(2) Navegabilidade

(3) Documentação

( ) Boa transição entre telas, fluidez.

( ) Linguagem adequada, compreensível correta.

( ) Manuais para utilização, metadados.

Agora, assinale a alternativa que apresenta a ordem correta:

a) 1, 2, 3.
b) 3, 2, 1.
c) 1, 3, 2.
d) 2, 1, 3.
e) 2, 3, 1.

Práticas digitais

1) Tecnologias são movimentos de aperfeiçoamento de artefatos e de procedimentos que interferem diretamente na sociedade e, por consequência, refletem na escola. Existem correntes a favor e contra, cada qual com seus argumentos e conclusões sobre o que a

tecnologia causa nas relações humanas. Elabore argumentos positivos e negativos a respeito dos impactos do uso da tecnologia na escola.

2) Imagine a seguinte situação: sua escola não tem acesso à internet e não há perspectivas imediatas de que isso ocorra. Sua preocupação é que os alunos precisam ter contato com esse importante recurso para a pesquisa escolar e aprofundamento de conteúdos que você está trabalhando em sua disciplina. Alguns alunos possuem celulares (*smartphones*) com acesso à internet via rede móvel. Qual seria seu encaminhamento para que seus alunos acessassem a internet?

3) O *cyberbullying* pode ser entendido como um assédio virtual. São agressões em ambientes virtuais a determinada vítima, que se propagam por meio de mensagens, imagens ou vídeos. É uma realidade bastante nociva do uso inadequado das TDs e perpassa a dimensão social, impactando as relações dentro da escola. Proponha um modo de abordar esse tema com os alunos direcionando estratégias de prevenção.

Elaboração de projetos de ensino de Física com emprego de tecnologias digitais

5

Faremos, neste capítulo, sugestões para o trabalho com as juventudes mediante a aplicação de tecnologias. Não raro, o professor de Física atua de maneira mais isolada na escola, sem se envolver em atividades artísticas e projetos diferenciados. Como podemos mudar isso?

As diretrizes curriculares indicam que o ensino de Física deve ocorrer em uma perspectiva interdisciplinar. Aqui, apresentaremos algumas estratégias que podem ser utilizadas por professores para inovar suas aulas.

Começaremos discutindo sobre o termo *juventudes* e exporemos as ideias diferenciadas de propostas que estão fundamentadas na legislação nacional, considerando projetos e resolução de problemas, contemplando temáticas do cotidiano dos estudantes. Tais propostas valorizam a contribuição de cada aluno e destacam que é fundamental a participação ativa do processo de aprendizagem, seja mediante investigação, seja por meio de uso de tecnologias digitais (TDs), seja fazendo uso de um laboratório físico ou virtual para testar hipóteses e resolver situações-problema.

Esperamos que, ao final do capítulo, você possa trabalhar com a disciplina de Física de modo interdisciplinar e contextualizado, valorizando o conhecimento prévio do estudante e sua realidade cotidiana.

5.1 Projetos interdisciplinares

Principalmente ao lecionar para o ensino médio, os professores de Física encontram jovens de diferentes culturas, etnias e gostos. Esses jovens estão constantemente conectados e a escola não é o local mais apropriado para passar para eles informações, já que eles têm acesso a elas com apenas um clique. Assim, a escola deve garantir um ambiente de construção coletiva de conhecimentos, levando em consideração a realidade de cada um desses estudantes e estimulando sua criticidade para gerenciar todas as informações que têm à disposição.

As crianças e jovens, atualmente, experimentam as possibilidades tecnológicas e de internet rápida desde o nascimento. As informações obtidas em um clique, o imediatismo nas conexões, as possibilidades das redes sociais parecem distantes das práticas escolares.

A escola deve preparar o estudante para sua atuação social, e as atividades pedagógicas precisam possibilitar o preparo de indivíduos capacitados para tomar decisões em uma sociedade em constante transformação. Desse modo, a atual geração precisa de novos desafios em sala de aula e o papel do estudante deve extrapolar o de ouvinte.

Essa geração é designada *nativos digitais* por Prensky (2001). Os jovens e crianças nascidos na era digital utilizam as TDs para se comunicar e obter informações de modo imediato e não linear, isto é, enquanto estão mandando mensagens de textos, acessando *links*, ouvindo músicas e jogando *videogame*, por exemplo. Esses jovens têm facilidade de adaptação a novos ambientes e trabalhos coletivos, pois se sentem à vontade em atuar de maneira colaborativa.

As características dos estudantes demonstram que o receio de alguns professores em utilizar as TDs em sala não se justifica. Os nativos digitais têm a habilidade de fazer várias tarefas ao mesmo tempo, sendo possível dedicar atenção às orientações do professor e utilizar tecnologias simultaneamente.

A mobilidade e o imediatismo dos estudantes nem sempre é explorada na escola, o que torna a sala de aula um ambiente desconectado da realidade discente. As novas tecnologias aparecem, então, como opções diferenciadas para explorar as habilidades dos nativos digitais, além de desenvolver novas.

O desafio referente ao estudante no aprendizado se refere à escolha apropriada de tecnologias que aproveitem as características das crianças e dos jovens da era tecnológica, explorem suas habilidades e os estimulem a participar ativamente da aprendizagem. De acordo com Lévy (2010, p. 24), é "bem conhecido o papel fundamental do envolvimento pessoal do aluno no processo de aprendizagem. Quanto mais ativamente uma pessoa participar da aquisição de um conhecimento, mais ela irá integrar e reter aquilo que aprender".

Durante a utilização das TDs pelos estudantes, podem ocorrer momentos de colaboração para o levantamento de hipóteses, constatações de resultados, atividades de pesquisas ou trocas de informações entre os pares. Tal método possibilita ao estudante desenvolver processos de interação e interatividade para alcançar os objetivos propostos na realização de determinada atividade. Utilizar TDs em propostas pedagógicas pode representar uma aproximação do professor com as características dos jovens do ensino médio. Essas características são explicitadas também nas legislações educacionais brasileiras.

No Pacto Nacional pelo Fortalecimento do Ensino Médio (PNEM), o jovem é qualificado como um sujeito da escola, que está em um momento de exercício de inserção social.

Reflita on-line

Como ensinar para esses jovens? O que é relevante para eles? Como reorganizar a escola para que eles se sintam acolhidos? Essas são reflexões importantes que você deve fazer ao se preparar para lecionar para esse público.

O termo *juventudes* aparece no plural justamente para evidenciar que existem diversos jovens, cada um como sujeito que experimenta a diversidade, cada um em seu contexto, exercitando a inserção social. Isso revela a necessidade de se trabalhar com projetos que impactem essas juventudes. Esses projetos podem apresentar a Física como uma possibilidade de formação de seres humanos capazes de melhorar o mundo.

No cenário de ensino para juventudes, destaca-se a aprendizagem baseada em projetos, que

> é um modelo de ensino que consiste em permitir que os alunos confrontem as questões e os problemas do mundo real que consideram significativos, determinando como abordá-los e, então, agindo de forma cooperativa em busca de soluções. (Bender, 2014, p. 9)

Quando se deseja trabalhar com projetos, alguns elementos precisam ser incorporados ao processo:

- **âncora**: é o que fundamenta o ensino em um cenário real (Bender, 2014).
- **artefatos**: "São itens criados ao longo da execução de um projeto e que representam possíveis soluções [...] para o problema" (Bender, 2014, p. 16).
- **questão motriz**: "é a questão principal, que fornece a tarefa geral ou a meta declarada para o projeto" (Bender, 2014, p. 16).

Os projetos de aprendizagem implicam um inventário de conhecimentos dos estudantes, que podem ser classificados como dúvidas e certezas. As **dúvidas** são temporárias e vão sendo esclarecidas ao longo da atividade. As **certezas** também podem ser temporárias, quando não têm respaldo científico.

O professor deve escolher projetos que respondam às indagações dos estudantes, razão pela qual a escolha da temática pode ser feita coletivamente.

Em um currículo integrado, o uso de projetos de ensino consiste em uma possibilidade de unir o ensino de Física com as realidades sociais dos estudantes e os conhecimentos de outras disciplinas.

Todo projeto requer planejamento, que envolve escolher um tema relevante aos estudantes. Algumas temáticas são sugeridas pelo Ministério de Educação; contudo, cada professor conhece a realidade de sua sala de aula e seu público-alvo. Alguns dos temas sugeridos no PNEM são: lixo, transporte público, jogos como *Angry Birds* e violência (Brasil, 2014).

Além da escolha adequada de um tema, é preciso verificar aspectos importantes no planejamento, como tempo para execução, materiais a serem utilizados, viabilidade do projeto, disciplinas que podem ser envolvidas e, principalmente, os conteúdos da Física contemplados. Assim, o professor poderá selecionar TDs (e outras tecnologias) e metodologias que possibilitem a aprendizagem dos conteúdos.

Um projeto normalmente requer a construção de um produto que resolve a problemática principal envolvida. Um exemplo de projeto interdisciplinar de Física e Matemática é apresentado por Missão et al. (2016). Os autores propuseram aos estudantes da 2ª série do ensino médio a construção de uma calculadora termométrica a fim de realizar comparações entre as diferentes escalas termométricas (Celsius, Farenheit e Kelvin).

Para navegar mais

Assista ao vídeo indicado a seguir para saber mais sobre um projeto interdisciplinar:

EDUCANVAS. **Projeto interdisciplinar**: dicas importantes!!! 2 jul. 2021. Disponível em: <https://www.youtube.com/watch?v=6VuXXudC3Ew>. Acesso em: 25 jul. 2023.

Na Figura 5.1, detalhamos como organizar uma aula baseada em projeto.

Figura 5.1 – Resumo da elaboração de um projeto

PROPOSIÇÃO DE UM PROBLEMA

O alunos investigam possíveis causas, elaboram hipóteses e direcionam o projeto.

Depois de conhecer melhor o desafio e suas origens, definem táticas para a resolução do desafio.

Realizam um planejamento.

São avaliados pelo orientador ou professor.

Apresentam o plano e o executam, podendo demonstrar os resultados em outro momento.

Fonte: Echeverria, 2023.

5.2 Base Nacional Comum Curricular

Os Parâmetros Curriculares Nacionais (PCN) são diretrizes que orientam educadores estipulando as bases de cada disciplina. Eles foram publicados em 1999, e a versão para o ensino médio foi lançada em 2000. Em 2006, foram publicados os PCN+, com orientações específicas e aprimoradas para o ensino médio.

A Física enquadra-se na área de Ciências da Natureza, Matemática e Tecnologias. Nos PCNs, consta a seguinte recomendação: "É necessário também que essa cultura em Física inclua a compreensão do conjunto de equipamentos e procedimentos, técnicos ou tecnológicos, do cotidiano doméstico, social e profissional" (Brasil, 2002, p. 22).

Os PCN+ estabelecem alguns objetivos (Brasil, 2006):

- compreensão do desenvolvimento histórico da tecnologia, suas consequências para o cotidiano e nas relações sociais;
- percepção do papel desempenhado pelo conhecimento científico no desenvolvimento da tecnologia;
- compreensão das formas como a Física e a tecnologia influenciam nossa interpretação do mundo atual; e
- acompanhamento do desenvolvimento tecnológico contemporâneo.

Considerando os PCN+, o professor de Física deve trabalhar de maneira contextualizada, evidenciando para o estudante a importância da Física e da tecnologia no mundo real.

Desse modo, o professor de Física pode, por exemplo, apresentar situações comuns do trânsito para abordar o conteúdo de velocidade e aceleração. Igualmente, pode fornecer exemplos práticos sobre transferência de calor em situações cotidianas.

Outro documento norteador para a elaboração de currículos é a Base Nacional Comum Curricular (BNCC). Conheça duas habilidades específicas expressas nesse documento:

(EM13CNT101) Analisar e representar, com ou sem o uso de dispositivos e de aplicativos digitais específicos, as transformações e conservações em sistemas que envolvam quantidade de matéria, de energia e de movimento para realizar previsões sobre seus comportamentos em situações cotidianas e em processos produtivos que priorizem o desenvolvimento sustentável, o uso consciente dos recursos naturais e a preservação da vida em todas as suas formas.

[...]

(EM13CNT103) Utilizar o conhecimento sobre as radiações e suas origens para avaliar as potencialidades e os riscos de sua aplicação em equipamentos de uso cotidiano, na saúde, no ambiente, na indústria na agricultura e na geração de energia elétrica. (Brasil, 2018)

Para que se consiga explorar a realidade local por meio da interdisciplinaridade, a BNCC (Brasil, 2018, p. 16), propõe organizar "componentes curriculares e fortalecer a competência pedagógica das equipes escolares para adotar estratégias mais dinâmicas, interativas e colaborativas em relação à gestão do ensino e da aprendizagem".

Na BNCC, a Física é articulada com o ensino de Química e de Ciências Biológicas, em uma perspectiva interdisciplinar. O documento também determina que o estudante do ensino médio deve desenvolver o pensamento computacional. Por isso, os professores de todas as disciplinas devem envolver tecnologias em suas aulas e atividades permitindo ao estudante utilizar os elementos oriundos da ciência da computação.

De acordo com a BNCC, o ensino médio é dividido em quatro grandes áreas, quais sejam:

1. Linguagens e suas Tecnologias;
2. Matemática e suas Tecnologias;
3. Ciências da Natureza e suas Tecnologias; e
4. Ciências Humanas e Socais Aplicadas.

Física, Biologia e Química integram a área de Ciências da Natureza. As competências e habilidades na área são ancoradas nas temáticas Matéria e Energia, Vida e Evolução e Terra e Universo. São essas três principais temáticas que devem conduzir o ensino de Física no ensino médio.

5.3 Tecnologias digitais em projetos

As propostas mais atuais de ensino, as quais buscam que o estudante seja protagonista do processo de aprendizagem, têm sido denominadas *metodologias ativas*. Moran (2015) comenta que as dimensões atuais de educação contemplam três pilares: modelo *blended* (ou híbrido), metodologias ativas e modelo on-*line*.

O **ensino híbrido** é aquele que abrange momentos presenciais e a distância. Os momentos presenciais privilegiam o aprendizado coletivo, por meio de atividades mais práticas e trocas de experiências. O **modelo on-line** contém textos e aulas previamente disponibilizadas e possibilidade de interação *on-line* com tutores e colegas. As **metodologias ativas** são as abordagens de ensino que tornam o aluno o protagonista do processo de aprendizagem. Entre elas, destaca-se a **sala de aula invertida** (SAI), que, para Conceição, Schneider e Oliveira (2017, p. 7), tem como objetivos:

> aprender através da interação por parte dos alunos, uma vez que se torna uma ferramenta poderosa para o ensino; desenvolver habilidades de comunicação escrita e oral; explicitar que a responsabilidade pela aprendizagem é dos alunos; ter autonomia e trabalhar em grupo, pois enquanto trabalham em grupos, os alunos trocam ideias, fazem planos e propõem soluções para alcançar os objetivos do grupo. Pensar é um trabalho intelectual

e por isso promove o crescimento intelectual. Neste contexto, a atuação do professor é o de facilitador e mediador do processo.

Além da SAI, é possível utilizar diferentes estratégias que se relacionem com as metodologias ativas, estimulando o engajamento dos estudantes com o ensino de Física:

> Se queremos que os alunos sejam proativos, precisamos adotar metodologias em que os alunos se envolvam em atividades cada vez mais complexas, em que tenham que tomar decisões e avaliar os resultados, com apoio de materiais relevantes. Se queremos que sejam criativos, eles precisam experimentar inúmeras novas possibilidades de mostrar sua iniciativa. (Moran, 2015, p. 17)

São exemplos de metodologias ativas:

- ensino híbrido;
- sala de aula invertida;
- Khan Academy;
- Wolfram Mathematica;
- infográficos;
- *design thinking*;
- Piktochart;
- aprendizagem baseada em problemas;
- movimento *maker*: 3D, *fab labs* e *makerspaces*;
- Arduino;

- currículo STEAM;
- aprendizagem baseada em projetos;
- *peer instruction* (aprendizagem por pares); e
- problematização.

São muitas as possibilidades para inovar em sala de aula. A WebQuest é uma dessas propostas. Ela objetiva organizar pesquisas na *web*, mediante tarefas predefinidas pelo professor, o qual medeia essas buscas. Foi criada pelo professor Bernie Dodge, que orienta que as buscas na *web* sejam direcionadas por tarefas semelhantes a situações cotidianas. Suas etapas envolvem introdução, tarefa, processo, avaliação e conclusão. Em todas as etapas, a presença do professor é importante como mediador do processo.

Ressaltamos que a WebQuest não é a única forma de o professor direcionar pesquisas na internet. Ele mesmo pode elaborar outras formas de indicar para seus estudantes caminhos para determinada pesquisa.

Contudo, é preciso refletir sobre a necessidade de orientar os estudantes, tendo em vista a quantidade de notícias disponíveis na internet que podem não ter respaldo científico. Faz-se necessário que o estudante saiba escolher e verificar quais fontes são realmente confiáveis.

Por sua vez, o **modelo didático histórico-crítico**, proposto por Luiz Gasparin (2007), prevê algumas etapas a serem utilizadas no projeto pelo professor: prática social inicial, problematização, instrumentalização, catarse e prática social final.

A primeira etapa se refere a um momento de discussões entre os estudantes sobre um tema proposto pelo professor em uma **prática social inicial**.

Esse tema é levado à turma por meio de indagações. Os estudantes, então, têm a oportunidade de apresentar suas percepções e elaborar coletivamente uma **problematização**.

A **instrumentalização** acontece por intermédio do professor, que pode usar variados recursos para dar condições para os alunos responderem às questões elaboradas na problematização. A **catarse** é alcançada por meio de tarefas que elaborarão as respostas para as questões norteadoras. Por fim, ocorre um momento de trocas de experiências e conclusões, na fase da **prática social final**.

5.4 Aprendizagem baseada em problemas

Anteriormente, ressaltamos que o professor de Física pode usar a aprendizagem baseada em projetos, que visa à resolução para uma problemática específica. Tem centralidade nesse modelo a pesquisa das causas de um problema, mas não requer a construção de um artefato que solucione o caso.

> O foco na aprendizagem baseada em problemas é a pesquisa de diversas causas possíveis para um problema (p. ex., a inflamação de um joelho), enquanto

na aprendizagem baseada em projetos procura-se uma solução específica (construir uma ponte). (Bacich; Moran, 2018)

Na aprendizagem baseada em problemas, são apresentados problemas cotidianos e, a partir deles, as disciplinas são ensinadas de modo simultâneo.

Quanto ao problema a ser investigado, Komatsu (1999, p. 34) destaca que ele "é utilizado como estímulo à aquisição de conhecimentos e habilidades, sem que nenhuma exposição formal prévia da informação seja necessariamente oferecida". Komatsu (1999, p. 34) acrescenta que "Os estudantes têm que assumir a função de verdadeiros condutores do seu próprio processo de aprendizagem, e, para tanto, há uma habilidade fundamental a desenvolver: aprender a aprender".

São características da aprendizagem baseada em problemas:

- escola ativa;
- método científico;
- ensino integrado e integrador dos conteúdos, dos ciclos de estudo e das diferentes áreas envolvidas;
- alunos aprendem a aprender e resolvem problemas;
- matrizes de ensino não disciplinar;
- transdisciplinaridade;
- "Cada um dos temas de estudo é transformado em um problema a ser discutido em um grupo tutorial que funciona como apoio para os estudos" (Bacich; Moran, 2018, p. 16).

O estudante é colocado diante de um problema não trivial. Pode-se dividir a turma em equipes para que realizem a resolução do problema e, se possível, modelem matematicamente a situação.

Diante desse cenário, Souza e Dourado (2015) apresentam quatro etapas estruturantes da aprendizagem baseada em problemas:

1ª elaboração do cenário problemático pelo professor tutor;
2ª os grupos recebem o problema e, valendo-se de seus conhecimentos prévios, levantam hipóteses para resolvê-lo e definem o planejamento de investigação;
3ª cada grupo realiza o processo de investigação com os recursos disponíveis;
4ª cada grupo apresenta uma síntese da investigação, apontando uma solução ao problema e avaliando o processo de ensino e de aprendizagem.

5.5 Contextualização no ensino

Contextualizar não é o mesmo que exemplificar. Podemos explicar para o estudante que a ondulatória é utilizada na propagação do som. Isso é um exemplo de aplicação da ondulatória. Contextualizar vai além de exemplificar, pois é preciso mobilizar uma situação real e que faça sentido para o estudante e que só poderá ser solucionada com base em conceitos. Nesse caso, apenas apresentar uma aplicação para a ondulatória não é ensinar ondulatória de maneira contextualizada.

A contextualização deve levar em conta a realidade do estudante e sua vivência cotidiana. É preciso selecionar situações que façam sentido para a vida do aluno.

A abordagem que faz uso de contextualização é chamada *metodologia da contextualização da aprendizagem* (MCA). "A MCA tem como objetivo engajar alunos e professores em novas relações de ensinar e aprender com sentido e significado para suas vidas" (Bacich; Moran, 2018, p. 183).

São características do ensino com contextualização:

- situações com problema reais;
- realidade social;
- familiaridade com as situações;
- temas de estudo significativos para o estudante;
- valorização do conhecimento prévio.

As situações apresentadas devem tratar de problemas reais para o estudante, que tenham significado para ele. É preciso que se conheça a realidade social do aluno, seu bairro, sua cidade, o convívio que ele tem com sua família, entre outros aspectos.

O professor pode verificar o nível de familiaridade que o estudante tem com aquela situação, valorizando o conhecimento prévio dele.

Ao iniciar um projeto, é preciso realizar um planejamento que contenha objetivo e formas de avaliação. Também é importante discutir com professores de outros componentes para fazer propostas que contemplem a interdisciplinaridade. Ao trabalhar com o tema das drogas, por exemplo, é possível envolver os conhecimentos de Biologia, Química e Educação Física.

Aproveitar os fatos ocorridos no bairro, na cidade, no estado e no país, incluindo catástrofes ambientais, também é uma proposta interessante na escolha de temáticas para projetos.

Para navegar mais

Sugerimos a leitura do material a seguir indicado:

MEDEIROS, D. de O. **Aprendizagem baseada em problemas**: uma adaptação metodológica voltado para circuitos elétricos. 35 f. Trabalho de Conclusão de Curso (Licenciatura em Física) – Instituto Federal de Educação, Ciência e Tecnologia do Rio Grande do Norte, Caicó, 2019. Disponível em: <https://memoria.ifrn.edu.br/bitstream/handle/1044/1750/DAVID%20DE%20OLIVEIRA%20MEDEIROS.pdf?sequence=1&isAllowed=y>. Acesso em: 25 jul. 2023.

Também indicamos a consulta a este artigo:

CORREA, D. R. N. Uma proposta interdisciplinar para o ensino de Física, Química e Biologia através do estudo de biomateriais. **Revista Iluminart**, n. 17, 2019. Disponível em: <http://revistailuminart.ti.srt.ifsp.edu.br/index.php/iluminart/article/view/376/333>. Acesso em: 25 jul. 2023.

Desligando o canal virtual

Mesmo na Física, podemos trabalhar com projetos interdisciplinares. A seguir, listamos algumas dicas para colocar esse tipo de proposta em prática:

1. começar com o planejamento;
2. sempre ter uma intencionalidade;
3. variar nos recursos e tecnologias;
4. continuar se formando para aprender sempre e inovar;
5. aproveitar exemplos que deram certo.

No decorrer do capítulo, expusemos a aprendizagem baseada em problemas; os projetos interdisciplinares; a BNCC e o ensino de Física; o papel do estudante pesquisador na aprendizagem de Física; e a importância da mediação do professor. Em cada discussão, reiteramos que o professor tem de se apropriar e ofertar estratégias pedagógicas diferenciadas ao ensino de Física. Ao estudante cabe resolver situações-problema de modo consciente, praticando e disseminando a investigação científica e a aprendizagem colaborativa.

Testes high tech

1) Como o ensino de Física está previsto na BNCC?
    a) A Física precisa ser explorada de maneira apartada, já que tem características que não dialogam com outros componentes curriculares do ensino médio.

b) A Física se enquadra na área de Ciência da Natureza, devendo ser abordada de modo integrado com a Química e as Ciências Biológicas.

c) A Física deve obrigatoriamente ser explorada em projetos interdisciplinares com temáticas sociais.

d) A BNCC determina que o papel do professor de Física é transmitir informações e que o do estudante é aceitar as informações passadas pelo docente.

e) A BNCC recrimina o uso de TDs no ensino de Física.

2) Sobre o uso de projetos interdisciplinares no ensino de Física, assinale a alternativa correta:

a) Como o trabalho com projetos é de baixa complexidade, os estudantes não se sentem estimulados.

b) A desvantagem do uso de projetos interdisciplinares é que não é possível inserir TDs em suas execuções.

c) Para o trabalho com projetos, é recomendado explorar temáticas de interesse da juventude, público-alvo do ensino médio.

d) Para trabalhar com projetos interdisciplinares, o professor de Física só pode dialogar com professores de Química e de Ciências Biológicas.

e) O professor de Física é o único que não consegue trabalhar com projetos, tendo em vista a orientação da BNCC.

3) Acerca da relação das TDs com os projetos, assinale a alternativa correta:
   a) Um projeto interdisciplinar só será relevante se fizer uso de tecnologias digitais.
   b) Um projeto interdisciplinar deve usar, exclusivamente, recursos manuais.
   c) As tecnologias podem ser utilizadas para elaboração e execução dos projetos, embora eles possam ser abordados sem aparatos digitais.
   d) As pesquisas sobre os projetos interdisciplinares demonstram que as tecnologias tiram o foco dos estudantes e devem ser evitadas no trabalho interdisciplinar.
   e) Somente algumas TDs devem ser utilizadas no trabalho com projetos.

4) O que são metodologias ativas?
   a) São abordagens de ensino que tornam o estudante o ator principal do processo de aprendizagem.
   b) São metodologias que exigem total domínio de conteúdos e processos por parte do professor.
   c) São formas de ensino que demonstrem a grandiosidade da ciência.
   d) São metodologias que valorizam a importância da divisão curricular no contexto escolar.
   e) São mecanismos para distrair o estudante, a fim de que ele utilize a escola como espaço de diversão.

5) Relacione os tipos de aprendizagem às respectivas descrições.

(1) Aprendizagem baseada em problemas
(2) Aprendizagem baseada em projetos
(3) Aprendizagem baseada em contextualização

( ) Visa valorizar a realidade do estudante no processo de construção do conhecimento.
( ) Objetiva o desenvolvimento de estratégias na resolução de uma situação, as quais permeiem a construção do conhecimento.
( ) Propõe a construção de um plano/estudo/produto que transforme determinada realidade com base em conhecimentos científicos.

Agora, assinale a alternativa que apresenta a sequência correta:

a) 1, 2, 3.
b) 3, 2, 1.
c) 1, 3, 2.
d) 3, 1, 2.
e) 2, 1, 3.

Práticas digitais

1) Faça uma leitura crítica da BNCC e liste pontos positivos e negativos quanto ao ensino de Física no ensino médio.

2) Construa um mapa mental que ilustre todos os elementos a serem considerados por um professor de Física para um trabalho com projetos no ensino médio.

3) Pense em um contexto de ensino de Física para as juventudes do ensino médio. Quais são as problemáticas que interessariam a esses estudantes? Que conteúdos da Física podem estar envolvidos nesses temas? Elabore um projeto educacional considerando as questões indicadas.

Programação como resolução de problemas

6

Neste capítulo, discutiremos a atividade de programação, a qual vem sendo incentivada por pesquisadores e professores, especialmente ante a importância de os estudantes adquirirem fluência tecnológica durante a educação básica.

Compreender como acontece a programação em computadores pode favorecer o desenvolvimento de habilidades relacionadas à resolução de problemas, à criatividade, à inventividade, ao trabalho em equipe, ao uso de estratégias, ao tratamento ao erro, entre outras.

A proposta é que o aluno seja introduzido no universo da programação, principalmente por meio da programação visual (PV), que não demanda conhecimentos avançados e técnicos.

Esperamos que você compreenda as possibilidades de trabalho com programação que podem ser inseridas nas aulas de Física do ensino médio. Além disso, estimulamos aqui o desenvolvimento das habilidades relacionadas à programação, contemplando a lógica de cada um dos programas estudados.

6.1 Sintaxe de programação

Para realizar uma programação em um computador, o programador descreve um caminho a ser seguido pelo programa a cada comando dado. Esse caminho se refere ao algoritmo, cujas características são:

- roteiro a ser descrito para que o computador execute uma ação;
- para escrever um algoritmo, usa-se determinada linguagem de programação;
- pode ser escrito em Língua Portuguesa e depois transcrito para uma linguagem de programação.

Na Língua Portuguesa, a sintaxe é o conjunto de normas e leis combinatórias que estruturam a construção dos textos. De igual modo, na computação, a sintaxe se refere ao conjunto de regras que normatizam as diferentes variáveis e suas funções em uma linguagem de programação.

A sintaxe de programação define quais combinações de símbolos e palavras-chaves podem ser utilizadas.

Como os professores de Física não são programadores profissionais, é comum que usem recursos diferenciados para programar objetos de aprendizagem (OAs) ou que levem os estudantes a programar. Nesse sentido, podem ser utilizados *softwares* de PV. "A programação visual é aquela cujos comandos são descritos por blocos, mnemônicos ou outros elementos gráficos, não dependendo de descrição textual avançada de algoritmos" (GPINTEDUC, 2023).

6.2 Programaê!

A plataforma Programaê! foi disponibilizada em 2014, graças a uma parceria entre as fundações Telefônica Vivo e Lemann. Ela oferta conteúdos, atividades e oficinas por meio de linguagens de programações criadas em Scratch, Code.org., Codeacademy e Khan Academy. De acordo com o *site* oficial, "o projeto disponibiliza práticas pedagógicas orientadas por conteúdos e atividades de pensamento computacional, programação plugada e desplugada, robótica e narrativas digitais oferecidas pelos professores de escolas públicas" (Programaê!, 2023).

As atividades são disponibilizadas em diferentes níveis de aprofundamento. Algumas utilizam apenas poucos blocos de programação. Em versões com recursos mais avançados, os usuários podem criar páginas *web*, bancos de dados e produzir desenhos e animações por meio de JavaScript.

Em uma das abas da plataforma, "Quem quer aprender", são disponibilizadas atividades de programação baseadas em códigos no formato de texto, imagem ou bloco. Há opções de criação livre e jogos que envolvem a PV. Um dos jogos disponíveis é o CodeMonkey. Ela usa uma linguagem visual de programação, na qual o usuário deve escolher os comandos apropriados (como virar para direita e esquerda e determinar a quantidade de passos a serem dados pelo personagem) para que o personagem macaco alcance uma banana. A cada desafio, o nível de dificuldade e os elementos incorporados à programação aumentam.

O usuário dispõe de uma régua para medir a distância entre o macaco e a banana, podendo alterar a quantidade de passos na programação, alterar o tipo de movimento do personagem (esquerda ou direita) e clicar em "Executar" para que o programa funcione. Caso o usuário perceba que a programação está incorreta e o objetivo não foi cumprido (o macaco não encontrou a banana), ele pode refazer a programação e executá-la novamente.

Outra atividade disponível é a AngryBirds, que faz uso de programação em blocos. Nela, há personagens cujos movimentos devem ser programados, para que os objetivos mencionados nas instruções sejam alcançados.

6.3 Scratch

O Scratch é um *software* gratuito desenvolvido por Mitchel Resnick e sua equipe, no Massachusetts Institute of Technology (MIT). Refere-se a um recurso de programação visual que faz uso de blocos coloridos que devem ser encaixados pelo usuário na criação de projetos personalizados. O recurso foi criado para que crianças e jovens construíssem jogos, animações, narrativas, simulações e demais projetos digitais, com vistas ao desenvolvimento da computação criativa.

Por meio do Scratch, os usuários podem programar, compartilhar suas programações ou modificar programações já existentes. O programa é disponibilizado em vários idiomas, entre eles o português. É possível realizar o *download* do *software* ou acessá-lo *on-line*.

Na versão *on-line*, o usuário pode criar um cadastro para compartilhar os projetos que desenvolver. Caso opte por não fazer esse cadastro, que é gratuito, seus programas não ficarão salvos.

Os principais comandos no Scratch se referem à programação dos personagens, chamados de *atores*, e dos cenários, denominados *palcos*. Na interface do programa, existem seis áreas principais: (1) o menu do editor; (2) o conjunto de comandos; (3) a área de programação; (4) o palco; (5) o local para seleção de personagens; e (6) o local para seleção de palcos.

Na figura seguinte, apresentamos tal interface.

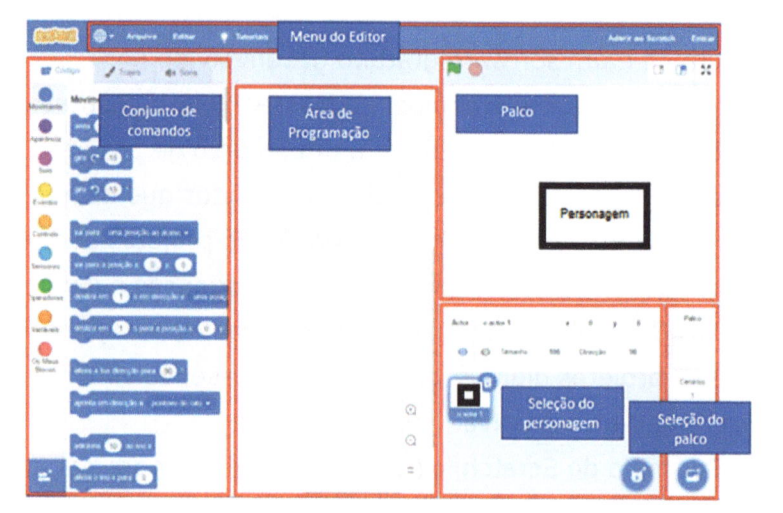

Figura 6.1 – Interface do Scratch

França e Amaral (2013) apresentam os elementos computacionais do Scratch. Segundo os autores, o primeiro deles se refere às etapas a serem descritas pelos usuários para execução pelo computador, por meio do encaixe de blocos. Outro elemento são os eventos, que possibilitam que determinado acontecimento produza uma ação, como o bloco "Quando a bandeira verde for clicada".

Os pesquisadores apresentam, ainda, o paralelismo, indicando que várias instruções podem ser executadas de forma simultânea. O *loop* se refere às repetições presentes no *software*, com os blocos "Repita" e "Repita até". As condicionais "permitem que decisões sejam tomadas tendo em vista condições predefinidas" (França; Amaral, 2013, p. 183). Os blocos que podem ser utilizados para isso são os de comando "se" e "se, senão". Há, ainda, os elementos que se referem a operadores, com blocos de operações matemáticas e os que tratam de dados: variáveis e listas.

Na parte superior do Scratch, há o *menu* Editor. Nele, há a configuração de idiomas, criação e abertura de projetos, além da opção para se efetuar o *login* no programa.

Figura 6.2 – *Menu* do Scratch

Os comandos são separados por cores, conforme suas especificidades. Cada tipo de comando tem blocos que podem ser encaixados em blocos do mesmo tipo ou de outros. Confira um exemplo a seguir.

Figura 6.3 – Comandos no Scratch

Fonte: Scratch, 2023.

No exemplo, é ilustrada a programação do desenho de um retângulo, de base 40 e altura 100. Nele, há um comando chamado *caneta*. Ele é usado para desenhar o movimento de um personagem. Esse recurso não está disponibilizado na barra inicial padrão de comandos do Scratch. No entanto, ele é gratuito e pode ser incorporado facilmente. Na Figura 6.4, listamos os comandos-padrão do programa.

Figura 6.4 – Comandos no Scratch

MOVIMENTO: Comandos de movimentação dos personagens.

APARÊNCIA: Comandos que alteram as características físicas dos personagens. As ações de falas textuais dos personagens também são configuradas nessa área.

SOM: Comandos para reprodução de sons, músicas e falas.

EVENTOS: Comandos que iniciam uma sequência de ações.

CONTROLE: Comandos de condição e de repetição.

SENSORES: Comandos que possibilitam a interação com o projeto mediante o uso do teclado ou do *mouse*.

OPERADORES: Comandos de verificação e manipulação de textos e números.

VARIÁVEIS: Dados para armazenamento de informações.

MEUS BLOCOS: Extensões, como a caneta e *kits* de robótica.

6.3 MIT App Inventor

Também fazendo uso de programação em blocos, o *software* MIT App Inventor é destinado à programação de aplicativos para *smartphones* ou *tablets* com sistema operacional Android. É um programa gratuito, originalmente criado pela Google e atualmente mantido pelo MIT. Requer um *login* para utilização, realizado via conta Google.

Para criação de aplicativos, o programa dispõe de duas interfaces. A primeira é destinada à construção do *layout* do recurso a ser programado. Para isso, o MIT App Inventor simula a tela de um *smartphone* e permite que o usuário insira figuras, caixas de texto, botões de seleção, legendas, entre outras possibilidades. Esse campo é chamado *Designer*, conforme mostra a figura a seguir.

Figura 6.5 – Janela *Designer* do MIT App Inventor

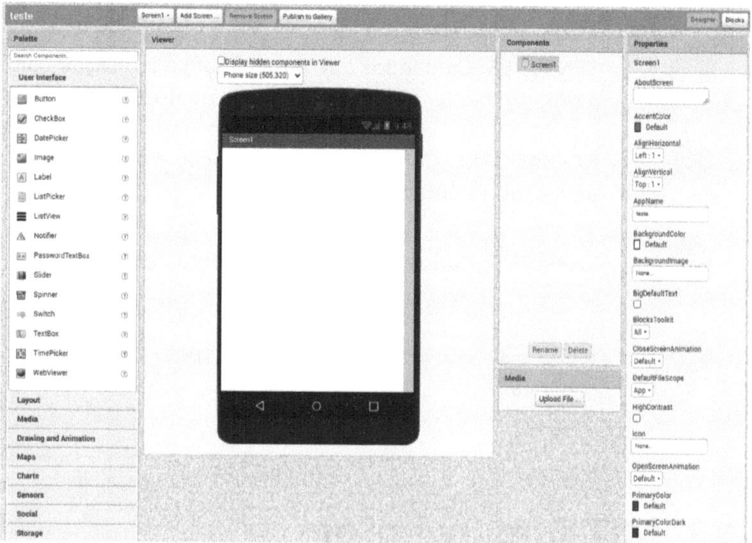

Fonte: MIT App Inventor, 2023.

Outra janela disponível é destinada à programação em blocos. Nela, o usuário seleciona os recursos que inseriu no campo *Designer* e programa cada um deles, selecionando blocos específicos, como de lógica, operações, valores ou aparência, conforme mostra a figura a seguir.

Figura 6.6 – Janela Blocos do MIT App inventor

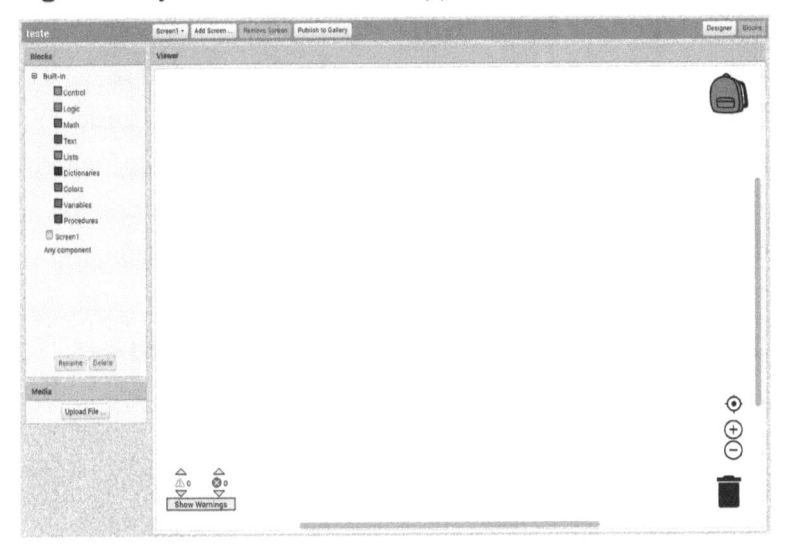

Fonte: MIT App Inventor, 2023.

Duda, Pinheiro e Silva (2019) indicam que a utilização do MIT App Inventor favorece o desenvolvimento do pensamento algébrico. Segundo os pesquisadores, a programação de aplicativos por meio de um *software* que estimula o pensamento computacional (PC) se aproxima da abstração, da linguagem simbólica e do protagonismo estudantil, o que converge com a compreensão da Matemática.

Para Rocha e Pinto (2021), além de estimular o PC por meio do PV, o MIT App Inventor permite a utilização do *smartphone* no contexto educacional.

Para navegar mais

Em sua pesquisa de mestrado profissional, Oliveira (2020) apresenta um tutorial que vem sendo utilizado em cursos de formação de professores sobre o *software*. Esse tutorial é disponibilizado gratuitamente e pode ser acessado no repositório da Universidade Tecnológica Federal do Paraná.

OLIVEIRA, J. P. de; MOTTA, M. S. **Desenvolvimento de aplicativos móveis criados no App Inventor 2 sobre as leis de Newton**. 60 f. Produto Educacional (Mestrado profissional em Formação Científica, Educacional e Tecnológica) – Universidade Tecnológica Federal do Paraná, Curitiba, 2020. Disponível em: <https://repositorio.utfpr.edu.br/jspui/bitstream/1/4976/1/leisdenewtoninventor2_produto.pdf>. Acesso em: 26 jul. 2023.

As pesquisas em educação têm apontado que o MIT App Inventor:

- permite aos professores desenvolver aplicativos personalizados;
- possibilita o uso de *smartphone* em sala de aula como recurso de ensino e aprendizagem;
- promove o desenvolvimento do PC;
- possibilita aos estudantes programar e desenvolver habilidades relacionadas a essa atividade.

Para expor algumas possibilidades de programação no MIT App Inventor, fornecemos, a seguir, um exemplo de programação; trata-se de um aplicativo que calcula o Índice de Massa Corporal (IMC) e reproduz um som conforme o resultado obtido (maior ou menor que 25).

Na Figura 6.7, mostramos um *layout* para o aplicativo; nele, foram inseridos blocos de textos, legendas e um botão.

Figura 6.7 – *Layout* de um *app*

Flavia Sucheck Mateus da Rocha

Na sequência, apresentamos a programação feita para que o aplicativo execute a ação corretamente.

Figura 6.8 – Programação de um *app*

Flavia Sucheck Mateus da Rocha

Na Figura 6.9, mostramos os componentes utilizados no projeto desenvolvido.

Figura 6.9 – Comandos utilizados no *app*

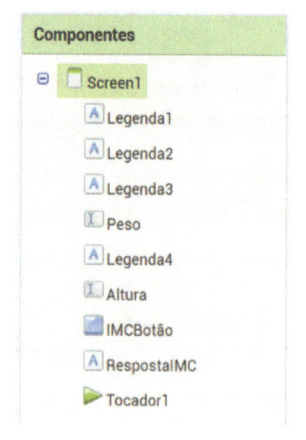

6.5 Super Logo

Trataremos agora da linguagem Logo, pioneira entre as possibilidades de PV. Criada por Seymour Papert e sua equipe, em 1967, essa linguagem não contava com uma gama de recursos gráficos à época. Contudo, o programa que faz uso dela, o Super Logo, apresenta possibilidades de desenvolvimento de habilidades por seus usuários (Papert, 1993).

O Super Logo é uma iniciativa da Universidade de Berkeley, nos Estados Unidos da América. No Brasil, foi traduzida para a língua portuguesa pelo Núcleo de Informática Educativa (NIED) da Universidade de Campinas (Unicamp), em São Paulo, no ano 2000.

Trata-se de um *software* cuja finalidade é a programação do movimento de um robô, representado pela imagem de uma tartaruga. O personagem é movimentado mediante comandos mnemônicos, e sua trajetória é registrada visualmente, o que permite aos usuários construir formas geométricas.

O recurso pode ser utilizado nas escolas, para que estudantes programem com comandos simples. A possibilidade de visualizar imediatamente o resultado dos comandos efetuados e corrigir as programações é um fator favorável ao aprendizado:

> O ambiente permite que o aluno expresse a resolução de um problema segundo uma linguagem de programação. O programa pode ser verificado por meio da sua execução e, com isso, possibilitar ao usuário verificar

suas ideias e conceitos. Se existir algo errado, ele pode analisar o programa e identificar o erro, que é tratado como uma fase necessária à sua estruturação cognitiva. (Motta, 2008, p. 70)

A interface do Super Logo é composta da Janela Gráfica e da Janela de Comandos, como mostra a figura a seguir.

Figura 6.10 – Interface do Super Logo 3.0

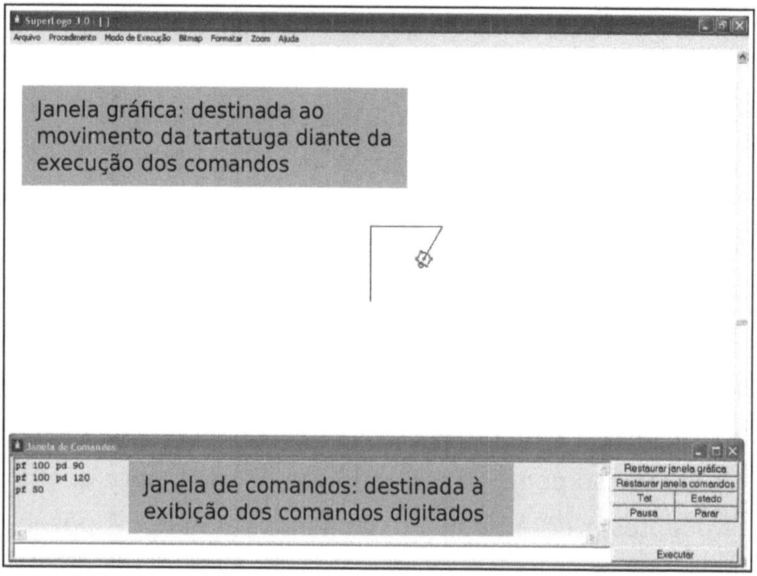

Fonte: Super Logo, 2023.

Os comandos a serem realizados pelo robô (tartaruga) se referem aos movimentos horizontais, diagonais e verticais e são descritos pelos mnemônicos correspondentes. É preciso que o usuário defina a direção, o deslocamento e o giro, quando necessário. O caminho é percorrido em passos e existe uma relação de 1 cm para cada 50 *pixels*. Motta e Silveira (2010) apresentam os principais comandos no *software*, os quais indicamos no quadro a seguir.

Quadro 6.1 – Comandos básicos do Super Logo

Comando	Mnemônico	Função
parafrente	pf	Descolamento para frente
paratras	pt	Descolamento para trás
paraesquerda	pe	Giro para a esquerda de acordo com seu eixo de simetria em um ângulo específico
paradireita	pd	Giro para a direita de acordo com seu eixo de simetria em um ângulo específico

Fonte: Motta; Silveira, 2010, p. 118.

Desligando o canal virtual

A BNCC orienta que os estudantes do ensino médio desenvolvam o PC. Tal pensamento deve ser estimulado na escola, por professores de todas as disciplinas, inclusive da Física. Essa estimulação pode ocorrer por meio de diferentes atividades, mas principalmente pelo uso da programação.

A programação favorece o desenvolvimento de habilidades, a criatividade, o pensamento lógico e a resolução de problemas.

Existem diferentes estratégias que podem ser utilizadas na escola, para a execução de atividades de programação. Como a escola não visa formar programadores profissionais, professores podem trabalhar com a PV empregando diferentes recursos, como o Scratch e o MIT App Inventor.

Testes high tech

1) Para que o retângulo a seguir, de 50 *pixels* de largura e 100 *pixels* de altura, seja desenhado uma vez, qual passo da programação está **incorreto**?

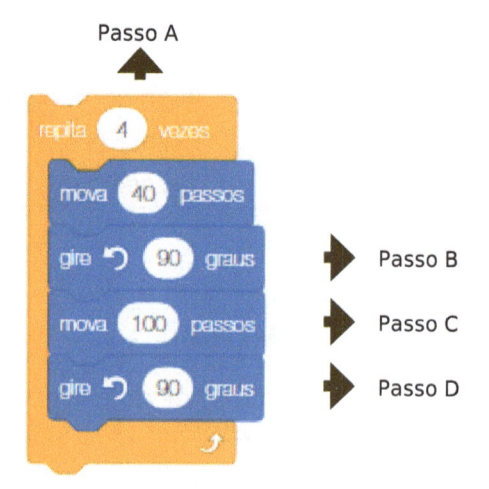

Passo A

repita 4 vezes
mova 40 passos → Passo B
gire ↺ 90 graus
mova 100 passos → Passo C
gire ↺ 90 graus → Passo D

Fonte: Scratch, 2023.

a) Passo A.
b) Passo B.
c) Passo C.
d) Passo D.

2) O que é o Scratch?
   a) Um recurso para criação de aplicativos para celular.
   b) Um *software* para programação de animações, jogos e histórias que pode ser utilizado desde a infância.
   c) Um jogo que aborda conhecimentos de Física e Matemática.
   d) Um *site* que reúne informações científicas e tecnológicas.
   e) Um *software* para criação de planilhas eletrônicas.

3) Assinale a alternativa que indica corretamente o que é MIT App Inventor:
   a) Aplicativo utilizado para o cálculo de derivadas.
   b) Simulador que utiliza realidade aumentada.
   c) *Software* gratuito para programação de aplicativos.
   d) OA de álgebra.
   e) Mesa digitalizadora.

4) Assinale a alternativa correta sobre a programação no MIT App Inventor:
   a) É feita em linguagem C++.
   b) É feita mediante comandos de voz.
   c) É feita com comandos mnemônicos.
   d) É feita por blocos, que se encaixam para dar sentido à programação.
   e) Emprega linguagem binária.

5) O MIT App Inventor tem dois campos para elaboração do aplicativo. Um deles é relacionado às telas a serem apresentadas nos aplicativos, e o outro se destina à seleção dos comandos de programação. Nas telas, é possível inserir imagens, caixas de texto, botões, entre outras possibilidades. Assinale a alternativa que apresenta a área destinada à configuração e formatação visual das telas:
   a) Blocos.
   b) Comandos.
   c) Botões.
   d) *Programmer*.
   e) *Designer*.

Práticas digitais

1) Explore as ferramentas apresentadas neste capítulo e escreva algumas vantagens do uso da programação para a aprendizagem da Física.

2) Com base na leitura deste capítulo, elabore um conceito para *pensamento computacional*.

3) Que tal programar um aplicativo no MIT App Inventor? Siga estes passos:
   - acesse o *site* <https://appinventor.mit.edu/>;
   - insira legendas;
   - insira caixa de textos;
   - insira um botão;
   - insira áudios;
   - faça a programação do que acontece quando o usuário clica no botão.

4) Suponha que você é um professor de Física e levará uma de suas turmas ao laboratório de informática para explorar um *software* de programação (Scratch, Super Logo, MIT App Inventor, entre outros). Como você faria essa abordagem? Elabore um breve roteiro informando se a atividade seria individual, em duplas, equipes, se você passaria um enunciado de um programa, que série escolheria, que conteúdo etc.

Entrando em modo off-line

Uma obra sobre tecnologias digitais (TDs) sempre estará inacabada e ultrapassada. O ritmo acelerado do desenvolvimento da ciência e da tecnologia não permite que se tenha uma escrita com um repertório finito de opções acerca de recursos disponíveis. Findada a escrita, certamente novos recursos já terão sido inventados, recriados, readaptados.

Desse modo, esclarecemos que nossa intenção não era elaborar um manual de instruções ao professor de Física ou aos interessados no tema sobre quais tecnologias devem ou não ser adotadas no contexto escolar. Nosso propósito era expor evidências científicas sobre o uso das tecnologias na escola e possibilidades no ensino de Física, de tal forma que o(a) leitor(a), com base em olhares filosóficos, psicológicos e sociais, se aproprie das tecnologias disponíveis.

No decorrer deste escrito, comentamos sobre o pensamento de Pierre Lévy, que destaca a mudança social promovida pelo uso das tecnologias. Também expusemos a concepção de Oleg Tikhomirov, que mostra que o computador pode transformar o pensamento humano. E foi na esteira desse entendimento que apresentamos diferentes possibilidades de TDs ao professor de Física, no reconhecimento de que elas podem transformar a aprendizagem.

Consideramos que as tecnologias não devem ser usadas puramente como aparatos e que elas, sozinhas, não melhoram ou pioram o processo educativo. A transformação na sala de aula somente se efetiva quando o professor também altera sua metodologia, adotando, por exemplo, metodologias ativas e projetos interdisciplinares.

A inserção das TDs no ensino de Física pode repercutir em mudanças na forma como o estudante aprende, interpreta, resolve e cria. Por isso, é fundamental que o professor alterne recursos, ora levando os discentes a um laboratório de informática, ora utilizando seus *smartphones*. Nesse sentido, é relevante conhecer as especificidades das tecnologias.

É crucial que o professor de Física conheça recursos para selecionar as TDs mais adequadas para suas aulas, tendo argumentos teóricos para avaliar *softwares*, aplicativos e demais recursos. Por isso, discorremos sobre as possibilidades de avaliação das TDs.

Por fim, destacamos o pensamento computacional como elemento fundamental para o estudante contemporâneo. Dedicando-se a atividades de programação, o estudante pode desenvolver criatividade, raciocínio lógico, capacidade para interpretação e resolução de problemas, entre outras habilidades relevantes para a construção do conhecimento da Física.

Como sugestão final, recomendamos sempre buscar novos entendimentos e recursos atualizados, os quais contribuam para os processos de ensino e aprendizagem.

Referências

ABNT – Associação Brasileira de Normas Técnicas. **NBR ISO/IEC 9126-1**: engenharia de software – qualidade de produto. Rio de Janeiro, 2003.

AGUIAR, E. V. B.; FLÔRES, M. L. P. Objetos de aprendizagem: conceitos básicos. In: TAROUCO, L. M. R. (Org.) **Objetos de aprendizagem**: teoria e prática. Porto Alegre: Evangraf, 2014.

BACICH, L.; MORAN, J. (Org.). **Metodologias ativas para uma educação inovadora**: uma abordagem teórico-prática. Porto Alegre: Penso, 2018.

BALBINO, R. O. **Os objetos de aprendizagem de Matemática do PNLD 2014**: uma análise segundo as visões construtivista e ergonômica. 139 f. Dissertação (Mestrado em Educação Matemática) – Universidade Federal do Paraná, Curitiba, 2016. Disponível em: <https://acervodigital.ufpr.br/bitstream/handle/1884/44080/R%20-%20D%20-%20RENATA%20OLIVEIRA%20BALBINO.pdf?sequence=3&isAllowed=y>. Acesso em: 25 jul. 2023.

BARBOSA, C. D. et al. O uso de simuladores via smartphone no ensino de Física: o experimento de Oersted. **Scientia Plena**, v. 13, n. 1, 2017. Disponível em: <https://www.scientiaplena.org.br/sp/article/view/3358/1644>. Acesso em: 25 jul. 2023.

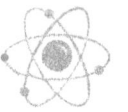

BARROS, M. G.; CARVALHO, A. B. G. As concepções de interatividade nos ambientes virtuais de aprendizagem. In: SOUSA, R. P.; MIOTA, F. M. C. S. C.; CARVALHO, A. B. G. (Org.). **Tecnologias digitais na educação**. Campina Grande: EDUEPB, 2011. p. 209-232.

BENDER, W. N. **Aprendizagem baseada em projetos**: educação diferenciada para o século XXI. Porto Alegre: Penso, 2014.

BORBA, M. C.; LACERDA, H. D. G. Políticas públicas e tecnologias digitais: um celular por aluno. **Educação Matemática Pesquisa**, São Paulo, v. 17, n. 2, p. 490-507, 2015. Disponível em: <http://funes.uniandes.edu.co/26104/1/Borba2015Poli%CC%81ticas.pdf>. Acesso em: 25 jul. 2023.

BORBA, M. C.; PENTEADO, M. G. **Informática e educação matemática**. 5. ed. Belo Horizonte: Autêntica, 2015.

BORBA, M. C.; SILVA, R. S.; GADANIDIS, G. **Fases das tecnologias digitais em educação matemática**: sala de aula e internet em movimento. Belo Horizonte: Autêntica, 2016. (Coleção Tendências em Educação Matemática).

BRACKMANN, C. P. **Desenvolvimento do pensamento computacional através de atividades desplugadas na educação básica**. 226 f. Tese (Doutorado em Informática na Educação) – Universidade Federal do Rio Grande do Sul, Porto Alegre, 2017. Disponível em: <https://lume.ufrgs.br/bitstream/handle/10183/172208/001054290.pdf?sequence=1&isAllowed=y>. Acesso em: 24 jul. 2023.

BRACKMANN, C. P. et al. Computação na escola: abordagem desplugada na educação básica. In: MARTINS, E. R. (Org.). **A abrangência da ciência da computação na atualidade**. Ponta Grossa: Atena, 2019. E-book. Disponível em: <https://cdn.atenaeditora.com.br/artigos_anexos/11_d2095b21a0b92bfca68276663eea54264c0ebf01.pdf>. Acesso em: 24 jul. 2023.

BRANDÃO, D.; VARGAS, A. C. Avaliação do uso de tecnologias digitais na educação. In: GONÇALVES, M. T. et al. (Coord.). **Experiências avaliativas de tecnologias digitais na Educação**. São Paulo: Fundação Telefônica Vivo, 2016. Disponível em: <https://unesdoc.unesco.org/ark:/48223/pf0000247332>. Acesso em: 25 jul. 2023.

BRASIL. **Base Nacional Comum Curricular**: ensino médio. Brasília: MEC/Secretaria de Educação Básica, 2018. Disponível em: <http://basenacionalcomum.mec.gov.br/images/BNCC_EI_EF_110518_versaofinal_site.pdf>. Acesso em: 24 jul. 2023.

BRASIL. Ministério de Educação. **Orientações educacionais complementares aos Parâmetros Curriculares Nacionais (PCN+)**. Brasília: MEC, 2006.

BRASIL. Ministério da Educação. Secretaria da Educação Básica. Fundo Nacional de Desenvolvimento da Educação. **Guia de livros didáticos**: PNLD 2015. Brasília, 2014.

BRASIL. Ministério da Educação. Secretaria de Educação Fundamental. **Parâmetros Curriculares Nacionais**: ciências naturais. Brasília, 1998.

BRASIL. Secretaria de Educação Média e Tecnológica. **Parâmetros Curriculares Nacionais para o Ensino Médio**. Brasília: MEC, 2002. Disponível em: <http://portal.mec.gov.br/seb/arquivos/pdf/blegais.pdf>. Acesso em: 25 jul. 2023.

BRITO, G. S.; PURIFICAÇÃO, I. **Educação e novas tecnologias**: um repensar. 2. ed. Curitiba: InterSaberes, 2015.

CONCEIÇÃO, S. S.; SCHNEIDER H. N.; OLIVEIRA, A. S. S. Sala de aula invertida: metodologias ativas para potencializar o ensino e a aprendizagem de conteúdos. In: ENCONTRO INTERNACIONAL DE FORMAÇÃO DE PROFESSORES, 10., 2007, Aracaju. **Anais...** Aracaju: Universidade de Tiradentes, 2007. Disponível em: <https://www.researchgate.net/publication/318838051_Sala_de_Aula_Invertida_Metodologias_Ativas_para_Potencializar_o_Ensino_e_Aprendizagem_de_Conteudos>. Acesso em: 25 jul. 2023.

CURCI, A. **O software de programação Scratch na formação inicial do professor de matemática por meio da criação de objetos de aprendizagem**. 143 f. Dissertação (Mestrado em Ensino de Matemática) – Universidade Tecnológica Federal do Paraná, Londrina, 2017. Disponível em: <https://riut.utfpr.edu.br/jspui/bitstream/1/3039/1/LD_PPGMAT_M_Curci%2C%20Airan%20Priscila%20de%20Farias_2017.pdf>. Acesso em: 24 jul. 2023.

DINIZ, C. S. **A lousa digital como ferramenta pedagógica na visão de professores de Matemática**. 136 f. Dissertação (Mestrado em Educação em Ciências e em Matemática) – Universidade Federal do Paraná, Curitiba, 2015. Disponível em: <https://acervodigital.ufpr.br/bitstream/handle/1884/41457/R%20-%20D%20-%20CRISTIANE%20STRAIOTO%20DINIZ.pdf?sequence=2&isAllowed=y>. Acesso em: 25 jul. 2023.

DINIZ, S. N. F. **O uso das novas tecnologias em sala de aula**. 186 f. Dissertação (Mestrado em Engenharia de Produção) – Universidade Federal de Santa Catarina, Florianópolis, 2001. Disponível em: <https://repositorio.ufsc.br/xmlui/bitstream/handle/123456789/81758/187071.pdf?sequence=1&isAllowed=y>. Acesso em: 25 jul. 2023.

DUARTE, N. Formação do indivíduo, consciência e alienação: o ser humano na psicologia de A. N. Leontiev. **Cadernos Cedes**, Campinas, v. 24, n. 62, p. 44-63, abr. 2004. Disponível em: <https://www.scielo.br/j/ccedes/a/BySzfJvy3NLvLrfRtxgBy6w/?format=pdf&lang=pt>. Acesso em: 25 fev. 2023.

DUDA, R.; PINHEIRO, N. A. M; SILVA, S. C. A prática construcionista e o pensamento computacional como estratégias para manifestações do pensamento algébrico. **Revista de Ensino de Ciências e Matemática**, v. 10, n. 4, p. 39-55, 2019. Disponível em: <https://revistapos.cruzeirodosul.edu.br/index.php/rencima/article/view/2418/1145>. Acesso em: 26 jul. 2023.

ECHEVERRIA, W. **Como funciona a aprendizagem baseada em projetos?** Atualizado por: Danilo Santos e Taiana Delavy. 24 fev. 2023. Disponível em: <https://edupulses.io/como-funciona-a-aprendizagem-baseada-em-projetos/>. Acesso em: 25 jul. 2023.

FERREIRA, F. C. et al. Argumentação em ambiente de realidade virtual: uma aproximação com futuros professores de Física. **Revista Iberoamericana de Educación a Distância**, v. 24, n. 1, p. 179-195, 2021. Disponível em: <https://www.redalyc.org/journal/3314/331464460009/331464460009.pdf>. Acesso em: 25 fev. 2023.

FERREIRA, H. M. C.; MATTOS, R. A. Jovens e celulares: implicações para a educação na era da conexão móvel. In: PORTO, C. et al. (Org.). **Pesquisa e mobilidade na cibercultura**. Salvador: Edufba, 2015.

FONSECA, S. M.; MATTAR, J. Metodologias ativas aplicadas à educação a distância: revisão da literatura. **Revista EDaPECI**, v. 17, n. 2, p. 185-197, 2017.

FRANÇA, R. S.; AMARAL, H. J. C. Proposta metodológica de ensino e avaliação para o desenvolvimento do pensamento computacional com o uso do Scratch. In: WORKSHOP DE INFORMÁTICA NA ESCOLA, 19.; CONGRESSO BRASILEIRO DE INFORMÁTICA NA ESCOLA, 2., 2013, Campinas. **Anais**... Porto Alegre: SBC, 2013. Disponível em: <https://www.researchgate.net/publication/299666358_Proposta_Metodologica_de_Ensino_e_Avaliacao_para_o_Desenvolvimento_do_Pensamento_Computacional_com_o_Uso_do_Scratch>. Acesso em: 26 jul. 2023.

GASPARIN, J. L. **Uma didática para a pedagogia histórico-crítica**. Campinas: Autores Associados, 2007.

GPINTEDUC – Grupo de Pesquisa em Inovação e Tecnologias na Educação. **Definições do GPINTEDUC**. Disponível em: <https://gpinteduc.wixsite.com/utfpr/definicoes-do-grupo>. Acesso em: 24 jul. 2023.

GUARDA, G. F; PINTO, S. C. C. S. Dimensões do pensamento computacional: conceitos, práticas e novas perspectivas. In: SIMPÓSIO BRASILEIRO DE INFORMÁTICA NA EDUCAÇÃO, 31., 2020, Natal. **Anais**... Porto Alegre: SBC, 2020. p. 1.463-1.472. Disponível em: <https://sol.sbc.org.br/index.php/sbie/article/view/12902/12756>. Acesso em: 24 jul. 2023.

HECKLER, V. **Uso de simuladores e imagens como ferramentas auxiliares no ensino/aprendizagem de eletromagnetismo**. 229 f. Dissertação (Mestrado em Ensino de Física) – Universidade Federal do Rio Grande do Sul, Porto Alegre, 2004. Disponível em: <https://www.lume.ufrgs.br/bitstream/handle/10183/6510/000486267.pdf>. Acesso em: 25 jul. 2023.

ISSTE – International Society for Technology in Education; CSTA – Computer Science Teachers Association. **Computational Thinking Teacher Resource**. 2011. Disponível em: <https://www.computacional.com.br/files/ISTE-CSTA/ISTE-CSTA-computational-thinking-operational-definition-flyer.pdf>. Acesso em: 24 jul. 2023.

KALINKE, M. A. **Internet na educação**. Curitiba: Chain, 2003.

KALINKE, M. A. **Tecnologias no ensino**: a linguagem matemática na web. Curitiba: CRV, 2014.

KALINKE, M. A.; BALBINO, R. O. Lousas digitais e objetos de aprendizagem. In: KALINKE, M. A.; MOCROSKI, L. F (Org.). **Lousa digital & outras tecnologias na educação matemática**. Curitiba: CRV, 2016. p. 13-32.

KENSKI, V. M. Aprendizagem mediada pela tecnologia. **Revista Diálogo Educacional**, Curitiba, v. 4, n. 10, p. 47-56, set./dez. 2003.

KENSKI, V. M. **Educação e tecnologias**: o novo ritmo da informação. 8. ed. São Paulo: Papirus, 2011.

KOMATSU, R. S. Aprendizagem baseada em problemas: um caminho para a transformação curricular. **Revista Brasileira de Educação Médica**, v. 23, n. 2/3, 1999. Disponível em: <https://www.scielo.br/j/rbem/a/3GWwqn3Wk9cjf4Gbpf4gL4Q/?format=pdf&lang=pt>. Acesso em: 25 jul. 2023.

LÉVY, P. **A inteligência coletiva**: por uma antropologia do ciberespaço. 10. ed. Tradução de Luiz Paulo Rouanet. São Paulo: Edições Loyola, 2015.

LÉVY, P. **As tecnologias da inteligência**: o futuro do pensamento na era da informática. 2. ed. Tradução de Carlos Irineu da Costa. Rio de Janeiro: Ed. 34, 2010.

LUNCE, L. M. Simulations: Bringing the Benefits of Situated Learning to the Traditional Classroom. **Journal of Applied Educational Technology**, v. 3, n. 1, Spring/Summer 2006. Disponível em: <http://citeseerx.ist.psu.edu/viewdoc/download?doi=10.1.1.93.8969&rep=rep1&type=pdf>. Acesso em: 25 jul. 2023.

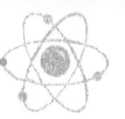

MACÊDO, J. A.; DICKMAN, A. G.; ANDRADE, I. S. F. Simulações computacionais como ferramentas para o ensino de conceitos básicos de eletricidade. **Caderno Brasileiro de Ensino de Física**, v. 29, n. esp. 1, p. 562-613, set. 2012. Disponível em: <https://periodicos.ufsc.br/index.php/fisica/article/view/2175-7941.2012v29nesp1p562/22936>. Acesso em: 25 jul. 2023.

MALTEMPI, M. V. Construcionismo: pano de fundo para pesquisas em informática aplicada à educação matemática. In: BICUDO, M. A. V.; BORBA, M. de C. (Org.). **Educação matemática**: pesquisa em movimento. 4. ed. São Paulo: Cortez, 2012. p. 287-307.

MANDAJI, M. et al. O Programaê! e a formação de professores para a integração do pensamento computacional ao currículo. In: CONGRESSO INTERNACIONAL DE EDUCAÇÃO E TECNOLOGIAS; ENCONTRO DE PESQUISADORES EM EDUCAÇÃO A DISTÂNCIA, 2018, São Carlos. **Anais**... São Carlos: CIET:EnPED, 2018. Disponível em: <https://cietenped.ufscar.br/submissao/index.php/2018/article/view/613/647>. Acesso em: 24 jul. 2023.

MISSÃO, D. G. et al. Material manipulável em uma proposta interdisciplinar entre Física e Matemática. In: SEMANA DE ENSINO, EXTENSÃO, PESQUISA E INOVAÇÃO DO LITORAL – SEME²PI, 2., 2016, Paranaguá. **Anais**... Paranaguá: IFPR, 2016.

MIT APP INVENTOR. Disponível em: <https://appinventor.mit.edu/>. Acesso em: 26 jul. 2023.

MORAN, J. Educação híbrida: um conceito chave para a educação. In: BACICH, L.; TANZI NETO, A.; TREVISANI, F. M. (Org.). **Ensino híbrido**: personalização e tecnologia na educação. Porto Alegre: Penso, 2015.

MOREIRA, M. A. **Mapas conceituais e aprendizagem significativa**. 2012. Disponível em: <https://www.if.ufrgs.br/~moreira/mapasport.pdf>. Acesso em: 25 jul. 2023.

MOREIRA, M. A.; MASINI, E. F. S. **Aprendizagem significativa**: a teoria de David Ausubel. São Paulo: Moraes, 1982.

MORETTO, V. P. **Construtivismo**: a produção do conhecimento em aula. 5. ed. Rio de Janeiro: Lamparina, 2011.

MOTTA, M. S. **Contribuições do Superlogo ao ensino de geometria do sétimo ano da educação básica**. 225 f. Dissertação (Mestrado em Ensino de Ciências e Matemática) – Pontifícia Universidade Católica de Minas Gerais, Belo Horizonte, 2008. Disponível em: <http://www.biblioteca.pucminas.br/teses/EnCiMat_MottaMS_1.pdf>. Acesso em: 25 jul. 2023.

MOTTA, M. S. **O estágio supervisionado na formação inicial do professor de matemática no contexto das tecnologias educacionais**. 354 f. Tese (Doutorado em Ensino de Ciências e Matemática) – Universidade Cruzeiro do Sul, São Paulo, 2012. Disponível em: <http://paginapessoal.utfpr.edu.br/marcelomotta/publicacoes>. Acesso em: 25 jul. 2023.

MOTTA, M. S.; SILVEIRA, I. F. Contribuições do Superlogo ao ensino de geometria. **Informática na Educação**: Teoria & Prática, Porto Alegre, v. 13, n. 1, p. 115-127, jan./jun. 2010. Disponível em: <https://seer.ufrgs.br/index.php/InfEducTeoriaPratica/article/view/9142/12035>. Acesso em: 25 jul. 2023.

NASCIMENTO, J. K. F. do. **Informática aplicada à educação**. Brasília: Universidade de Brasília, 2009. v. 1. Disponível em: <http://portal.mec.gov.br/index.php?option=com_docman&view=download&alias=606-informatica-aplicada-a-educacao&Itemid=30192>. Acesso em: 25 jul. 2023.

OLIVEIRA, J. P. **O ensino das leis de Newton por meio da utilização de aplicativos educacionais móveis criados no App Inventor 2**. 128 f. Dissertação (Mestrado profissional em Formação Científica, Educacional e Tecnológica) – Universidade Tecnológica Federal do Paraná, Curitiba, 2020. Disponível em: <https://repositorio.utfpr.edu.br/jspui/bitstream/1/4976/2/leisdenewtoninventor2.pdf>. Acesso em: 26 jul. 2023.

PAPERT, S. **A informática das crianças**: repensando a escola na era da informática. Tradução de Sandra Costa. Porto Alegre: Artes Médicas, 1993.

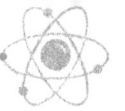

PEREIRA, J. J. B.; FRANCIOLI, J. F. A. de S. Materialismo histórico-dialético: contribuições para a teoria histórico--cultural e a pedagogia histórico-crítica. **Germinal**: Marxismo e Educação em Debate, Londrina, v. 3, n. 2, p. 93-101, dez. 2011. Disponível em: <https://periodicos.ufba.br/index.php/revistagerminal/article/view/9456/6888>. Acesso em: 24 jul. 2023.

PHET. **Simulações interativas para ciência e matemática**. Disponível em: <https://phet.colorado.edu/pt_BR/>. Acesso em: 25 jul. 2023.

PRENSKY, M. Nativos digitais, imigrantes digitais. **On the Horizon**, v. 9, n. 5, p. 1-6, 2001. Disponível em: <https://mundonativodigital.files.wordpress.com/2015/06/texto1nativosdigitaisimigrantesdigitais1-110926184838-phpapp01.pdf>. Acesso em: 25 fev. 2023.

PROGRAMAÊ! Disponível em: <https://programae.org.br/>. Acesso em: 26 jul. 2023.

RESNICK, M. et al. Scratch: Programming for All. **Communications of the ACM**, v. 52, n. 11, p. 60-67, 2009.

ROCHA, A. R. C. **Qualidade de software**: teoria e prática. Rio de Janeiro: Prentice Hall, 2001.

ROCHA, F. S. M. **Análise de projetos do Scratch desenvolvidos em um curso de formação de professores**. 134 f. Dissertação (Mestrado em Educação em Ciências e em Matemática) – Universidade Federal do Paraná, 2018. Disponível em: <https://acervodigital.ufpr.br/bitstream/handle/1884/59437/R%20-%20D%20-%20FLAVIA%20SUCHECK%20MATEUS%20DA%20ROCHA.pdf?sequence=1&isAllowed=y>. Acesso em: 25 jul. 2023.

ROCHA, F. S. M.; PINTO, S. C. C. S. Programação visual: algumas possibilidades para o desenvolvimento do pensamento computacional. In: MOTTA, M. S.; KALINKE, M. A. (Org.). **Inovações e tecnologias digitais na educação: uma busca por definições e compreensões**. Campo Grande: Life Editora, 2021. p. 97-118.

ROCHA, S. S. D.; JOYE, C. R.; MOREIRA, M. M. A educação a distância na era digital: tipologia, variações, uso e possibilidades da educação online. **Research, Society and Development**, v. 9, n. 6, abr. 2020. Disponível em: <https://rsdjournal.org/index.php/rsd/article/view/3390/3613>. Acesso em: 25 jul. 2023.

SANCHO, J. M. (Org.). **Para uma tecnologia educacional. 2. ed. Porto Alegre**: Artmed, 2001.

SANTAELLA, L. et al. Desvelando a internet das coisas. **Revista Geminis**, v. 4, n. 2, p. 19-32, 2013. Disponível em: <https://www.revistageminis.ufscar.br/index.php/geminis/article/view/141/pdf>. Acesso em: 25 fev. 2023.

SCRATCH. Disponível em: <https://scratch.mit.edu/>. Acesso em: 26 jul. 2023.

SERAFIM, M. L.; SOUSA, R. P. Multimídias na educação: o vídeo digital integrado ao contexto escolar. In: SOUSA, R. P.; MOITA, F. M. C. S. C.; CARVALHO, A. B. G., **Tecnologias digitais na educação**. Campina Grande: EDUEPB, 2011. p. 19-50.

SILVA, G. P.; ABREU, R. A. Simulações. In: ALCÂNTARA, E. F. S. (Org.). **Inovação e renovação acadêmica**: guia prático de utilização de metodologias e técnicas ativas. Volta Redonda: FERP, 2020. p. 76-79. Disponível em: <http://www2.ugb.edu.br/Arquivossite/Editora/pdfdoc/Guia_De_Metodologias_Ativas.pdf>. Acesso em: 25 jul. 2023.

SILVA, L. F. et al. Realidade virtual e ferramentas cognitivas usadas como auxílio para o ensino de Física. **Novas Tecnologias na Educação**, v. 6, n. 1, jul. 2008. Disponível em: <https://seer.ufrgs.br/index.php/renote/article/view/14585/8493>. Acesso em: 29 ago. 2023.

SIQUEIRA, J. C. O uso das TICs na formação de professores. **Interdisciplinar – Revista de Estudos em Língua e Literatura**, v. 19, p. 203-215, 2013.

SLEIMAN, C. **Riscos e benefícios na internet, especialmente quando se trata de crianças em redes sociais**. 22 jul. 2020. Disponível em: <https://www.youtube.com/watch?v=C594l-37jZg>. Acesso em: 25 fev. 2023.

SOUZA, R. R. Algumas considerações sobre as abordagens construtivistas para a utilização de tecnologias na educação. **Liinc em Revista**, v. 2, n. 1, p. 40-52, mar. 2006. Disponível em: <http://revista.ibict.br/liinc/article/viewFile/3099/2793>. Acesso em: 25 fev. 2023.

SOUZA, S. C.; DOURADO, L. Aprendizagem baseada em problemas (ABP): um método de aprendizagem inovador para o ensino educativo. **Holos**, v. 5, p. 182-200, 2015. Disponível em: <https://www2.ifrn.edu.br/ojs/index.php/HOLOS/article/view/2880/1143>. Acesso em: 25 fev. 2023.

SUPER LOGO. Disponível em: <https://www.nied.unicamp.br/biblioteca/super-logo-30/>. Acesso em: 26 jul. 2023.

TAVARES, J. L. **Modelos, técnicas e instrumentos de análise de softwares educacionais**. 97 f. Trabalho de Conclusão de Curso (Graduação em Pedagogia) – Universidade Federal da Paraíba, João Pessoa, 2017.

TIKHOMIROV, O. K. The Psychological Consequences of Computerization. In: WERTSCH, J. V. (Ed.). **The Concept of Activity in Soviet Psychology**. New York: Routledge, 1981. p. 256-278.

VALENTE, J. A. Diferentes usos do computador na educação. In: VALENTE, J. A. (Org.). **Computadores e conhecimento**: repensando a educação. Campinas: NIED-Unicamp, 1993.

VERASZTO, E. V. et al. Tecnologia: buscando uma definição para o conceito. *Prisma.com*, n. 8, p. 19-46, 2009. Disponível em: <https://ojs.letras.up.pt/index.php/prismacom/article/view/2065/1901>. Acesso em: 25 fev. 2023.

WING, J. M. Computational Thinking. **Communications of the ACM**, v. 49, n. 3, p. 33-35, 2006. Disponível em: <https://dl.acm.org/doi/10.1145/1118178.1118215>. Acesso em: 25 fev. 2023.

Thread comentada

BARROS, G. C. **Tecnologias e educação matemática**: projetos para a prática profissional. Curitiba: InterSaberes, 2017.

Nesse trabalho, a autora analisa que as tecnologias digitais estão presentes no dia a dia e podem ser inseridas no contexto educativo. Há explicações claras sobre a relação entre a tecnologia e a sociedade. Ainda, apresenta a tecnologia como um recurso para a aprendizagem na educação básica, indicando possibilidades e potencialidades. Também explora questões relacionadas à formação do professor para o uso das tecnologias, os projetos com uso de tecnologias e a importância do planejamento e da avaliação.

BRITO, G. S.; PURIFICAÇÃO, I. **Educação e novas tecnologias**: um repensar. 2. ed. Curitiba: InterSaberes, 2015.

Nesse livro, são analisadas questões relevantes a discussões sobre o uso das novas tecnologias e aos desafios educacionais relativos à incorporação desses recursos ao ambiente escolar. Temas como ciência, tecnologia e inovação são apresentados com clareza e objetividade. As autoras versam também sobre os aspectos históricos da utilização dos computadores e da internet na educação.

KALINKE, M. A. **Internet na educação**. Curitiba: Chain, 2003.

O autor apresenta os resultados de sua pesquisa sobre critérios construtivistas e ergonômicos a serem adotados por professores na escolha de sites educacionais. A obra apresenta ampla revisão de literatura sobre aspectos relativos ao construtivismo piagetiano e à ergonomia.

KENSKI, V. M. **Educação e tecnologias**: o novo ritmo da informação. 8. ed. São Paulo: Papirus, 2011.

A autora alerta para a necessidade de escolhas apropriadas na utilização das tecnologias, apresentando conceitos fundamentais. As diversas possibilidades de uso de tecnologias são descritas, e o leitor é convidado a refletir sobre os caminhos futuros da educação.

ROCHA, F. S. M.; KALINKE, M. A. **Práticas contemporâneas em educação matemática**. Curitiba: InterSaberes, 2021.

Os autores discutem diferentes abordagens metodológicas que vêm sendo utilizadas na educação matemática. As dicas e os recursos apresentados podem ser adotados por professores de diferentes disciplinas. Destacamos, nesse sentido, o capítulo destinado às práticas com tecnologias digitais. São apresentados conceitos importantes, além de exemplos de softwares e objetos de aprendizagem que podem ser explorados no ambiente escolar.

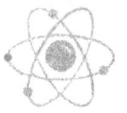

Cibergabarito

Capítulo 1

Testes high tech

1) b
2) d
3) c
4) a
5) c

Capítulo 2

Testes high tech

1) c
2) e
3) d
4) c
5) e

Capítulo 3

Testes high tech

1) b
2) a
3) b
4) a
5) c

Capítulo 4

Testes high tech

1) b
2) a
3) c
4) e
5) d

Capítulo 5

Testes high tech

1) b
2) c
3) c
4) a
5) d

Capítulo 6

Testes high tech

1) a
2) b
3) c
4) d
5) e

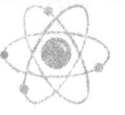

Sobre a autora

Flavia Sucheck Mateus da Rocha é doutora e mestra em Educação em Ciências e em Matemática pela Universidade Federal do Paraná (UFPR) e graduada em Matemática pela Pontifícia Universidade Católica do Paraná (PUCPR) e em Pedagogia pelo Centro Universitário Internacional Uninter. Especialista em Metodologia do Ensino da Matemática pela FAEL e em Formação Docente para EaD pelo Centro Universitário Internacional Uninter. É integrante do GPTEM (Grupo de Pesquisa sobre Tecnologias na Educação Matemática), do GPINTEDUC (Grupo de Pesquisa em Inovação e Tecnologias na Educação) e do grupo EAD, Presencial e o Híbrido: vários cenários profissionais, de gestão, de currículo, de aprendizagem e políticas públicas. Atualmente, é Coordenadora dos cursos da área de Exatas na Escola Superior de Educação do Centro Universitário Internacional Uninter. Tem experiência no ensino de Matemática nas séries finais do ensino fundamental e no ensino médio. É pesquisadora sobre tecnologias digitais e demais inovações nos processos de ensino e aprendizagem de Ciências e de Matemática.

Impressão:
Agosto/2023